CARE
Good Care ,
Good Living

CARE
Good Care ,
Good Living

CARE
Good Care,
Good Living

care 65

黑斑白斑有話要説

作　　者：黃昭瑜

插　　畫：小瓶仔

責任編輯：劉鈴慧

美術設計：張士勇

校　　對：陳佩伶

出 版 者：大塊文化出版股份有限公司

台北市10550南京東路四段25號11樓

www.locuspublishing.com

讀者服務專線：0800-006689 TEL：(02) 87123898　FAX：(02) 87123897

郵撥帳號：18955675　戶名：大塊文化出版股份有限公司

法律顧問：董安丹律師　顧慕堯律師

總 經 銷：大和書報圖書股份有限公司

地　　址：新北市五股工業區五工五路2號

TEL：(02) 89902588 (代表號)　FAX：(02) 22901658

製　　版：瑞豐實業股份有限公司

初版一刷：2019年10月

定　　價：新台幣420元

ISBN：978-986-5406-08-0

Printed in Taiwan

黑斑白斑
有話要說

黃昭瑜／著

目錄

序

白斑與黑斑
身體透露了什麼訊號

鐘文宏
林口、臺北長庚醫院皮膚部 / 主任
廈門長庚醫院副院長 / 教授

　　白斑與黑斑是常見的皮膚科疾病，但是鮮少有人鑽研得那麼詳細。坊間有很多醫美療程，大部分民眾也認為色素斑僅僅是愛美人士的專利。但是在我行醫多年的經驗發現，部分色素斑其實是病人身體健康的訊號，需要靠皮膚科醫師的專業才能夠做出正確的判斷。

　　皮膚是我們人體最大，也是我們第一個可以直接觀察到的器官，很多疾病的初期會顯現在皮膚上，如果觀察入微，可以協助我們及早治療。比方說，在我的「藥物過敏特別門診」中，常見病患身

上出現的黑紫色斑，常會被病人誤以為是黑斑或是瘀青，如果未加以留意，下次接觸同類型的藥物就有可能演變成全身性水皰破皮，口腔下體潰爛，如同燙傷病患般，可能危及生命安危。

　　白斑，是色素斑診斷和治療中最具挑戰的疾病，就連非本科的醫護人員也不甚熟悉。過去認為是不治之症，但是近年來隨著生物醫學的進步，已經可以治療到緩解的狀態了。甚至還可以搭配細胞移植和治療，以及創新的生物製劑的研發，讓難治型的白癜風疾病有更多治療的選擇。

　　本書作者黃昭瑜醫師，用心鑽研白斑與黑色素細胞的研究與治療，幫助不少患者找回信心，更協助病患及早發現其他的共病。黃醫師以生動有趣的臨床經驗，帶大家了解黑斑與白斑，提醒大家哪一類型的色素斑需要多加留意，更帶出保養的重點，強調皮膚保養的重要性。這是一本認識皮膚色素斑

的重要醫療保健專書，在愛漂亮之餘，更不要忽略
了皮膚的健康。請讀者務必要從自序開始讀起，才
能夠掌握全書的精髓。

本人，鄭重推薦這本好書！

黑斑與白斑的小百科

張雅菁
臺北長庚醫院皮膚科／主任

　　黃昭瑜醫師是林口、臺北長庚醫院皮膚科主治醫師，在長庚大學臨床醫學研究所博士班進修。專攻白斑皮膚色素移植和皮膚腫瘤的外科手術治療；對於白斑和黑色素相關研究，投入很多時間與精力，視病猶親，是位極優秀的皮膚科醫師。更難得的是深受病友愛戴，對病患的治療和衛教非常用心。

　　雖然白斑與黑斑是很常見的問題，但是市面上並沒有一本書，完整的告訴民眾有關色素斑需要注意的事情。黃醫師在本書中，用很生活化的臨床實例，帶一般讀者了解常見的「黑斑與白斑」，以及正確的皮膚保養。黃醫師在這本書中利用極簡單的語

言，介紹了皮膚黑色素細胞的功能，和這些色素斑的成因，譬如：環境因素、紫外線、壓力等。

　　黃醫師也給大家介紹一些看似黑斑或黑痣，但是不可被忽略的皮膚腫瘤，像是惡性黑色素瘤、基底細胞癌等等。並用一些實際案例，讓大家了解到疾病的多樣性，自我檢測需要注意的問題，好讓病人有些正確的背景知識，方便跟醫師做病情的討論。不會因為誤信網路「假文章」、「假新聞」而受到誤導，延誤病情。 在治療方面，黃醫師也介紹了皮膚腫瘤手術、雷射治療，以及自體免疫型白斑的免疫調節劑，幫助病患活得亮麗健康！

　　本書堪稱為「白斑與黑斑」的簡易小百科，病患和一般讀者讀了這本書後，會對於皮膚的色素斑、皮膚的保養和治療，也會有正確的了解，是非常值得推薦的好書！

色素斑的治療
應交給專業醫師

胡倩婷
長庚診所美容中心 / 副院長

　　年輕和美麗，是物質充裕現代社會許多人的追求；近年來醫學美容盛行，到處可見相關凍齡回春的廣告，但事實上不然，每個人的皮膚膚質都不一樣，色素斑的種類和形成更是不計其數。

　　雷射和光學機器的選擇，是一門非常專業的醫學技術，同樣的機器、同樣的能量參數，使用在不同的人身上，不一定可以達到同樣的效果和安全。必須仰賴皮膚科醫師的專業，先確認斑的類型、深淺、膚色、光老化程度等綜合判斷，才能夠擬定出最適合的治療計畫。

　　近年來，我們開始強調「雞尾酒療法」，也就是

善用不同機器的功能，分別作用在不同的部位，來達到全方位治療。這樣「客製化」的治療方案，比起「療程式」，如工廠 SOP 的治療方法，更具效果，也兼顧安全性。「客製化」治療原則，是按照病人皮膚狀況的不同，配合皮膚科醫師的專業，找出最適合的治療方法。也因此，我一再強調，皮膚的醫療美容，應該要交給最了解皮膚生理，專業的皮膚科醫師。

黃醫師在本書中為大家介紹色素斑的種類、皮膚保養，以及各式醫療美容雷射的原理。用淺顯易懂的方式，配合臨床實例，讓大家了解到哪些色素斑是可以處理的、哪些是不切實際的追求、哪些醫美治療是有效果的，以及哪些是屬於具風險的治療。幫助民眾不再只是一窩蜂的跟風，受到廣告洗腦，而是在安全的前提下追求亮麗皮膚。尤其是黃醫師在白斑治療的投入，造福了不少病患，幫助病

患找回自信和快樂。

　　這是非常值得推薦的一本書，尤其是在接受醫美療程前，建議民眾要對自己的皮膚有一定的認識，才不至於花錢買罪受，還沒變漂亮卻造成皮膚的破壞。

　　色素斑的治療，還是應該交給專業！

追求美麗前提
應先確保皮膚健康

楊志勛
前臺灣皮膚科醫學會 / 理事長
志勛診所 / 院長

　　對於美的追求，是與生俱來的天性，因此發展了很多醫學美容的療程、配套治療等。但是身為皮膚科醫師，我們有權利與義務幫病人把關，確保在不傷及皮膚安全的前提下，幫助人們找回亮麗健康的皮膚。

　　大部分皮膚色素斑的形成和紫外線的破壞密不可分。因此在皮膚的保養，我們最強調還是做好基礎的紫外線防護，善用物理性遮蔽物及防曬產品的選擇。黃醫師在書中的著墨非常詳細完整。這是因為除了色素斑不好看外，我們最在意的是未來皮膚

發生皮膚癌的機會。

　　尤其是黑色素瘤和基底細胞癌，看似一般黑痣或是黑斑，但是具有侵入性，若不及早處理，會轉移危及性命。皮膚外科醫師平常在執業時，偶爾會遇到病患因為誤以為這些黑斑無關緊要，而擔誤了黃金就治時期。因此我們一而再強調自我檢查方法，尤其是黃醫師在本書中提到的 ABCDE 原則；配合皮膚科的皮膚鏡檢查，可以確保黑斑是良性或者惡性，並且對症下藥。

　　白斑在皮膚科也算是常見的色素疾病，但是過去比較被忽略，甚至被認為是不治之症。這是因為過去對於白斑形成的原因不是很理解，且治療過程漫長，病程難以預期。黃醫師對於白斑的治療和色素移植，投入非常多時間和精神。黃醫師常與國內外醫學中心和大學教授合作，研究白斑的致病機轉、基因，並且合作研發白斑的生物製劑。在門診

更花很多時間在患者的病情評估上，使用伍氏燈的檢查、拍照記錄、用藥前的抽血等；是很有耐心、愛心又很優秀的新生代皮膚科醫師！

　　黃醫師在本書中用很多臨床實例，帶出很多「黑斑與白斑」的重點觀念，以深入淺出的方式，讓民眾更能夠了解這些色素斑的正確觀念。而不是聽信網路上的誇大廣告，或是來路不明的假文章，自己一有病就亂投醫。也讓民眾在就醫前，對皮膚有正確的概念，方便病患和醫師討論病情。

　　《黑斑與白斑，有話要說》是了解皮膚健康，避免以訛傳訛反倒傷害了皮膚的好書！

皮膚色素，有話要說

黃昭瑜 / 自序

　　皮膚是我們人體最大的器官，最直接影響到人與人之間的互動和關係。皮膚色素問題很常見，但很多人都很狹隘的認為，皮膚色素問題只是愛美人士所擔心的問題。殊不知，皮膚色素斑，尤其是白斑其實會嚴重的打擊病人的自信。

　　門診也常遇到，病人因為周遭的親友對白斑的認知不足，對白斑病人產生誤解，以為疾病會傳染而遭受歧視，造成病人因而失去工作，夫妻失和離婚等問題。因此皮膚的健康與否，對於一個人的生活品質很重要，遠比大家想像的影響深遠。此外，正如我們千年中醫的望聞問切，事實上皮膚的色素

也很常透露著身體的健康訊號，很多疾病會潛藏在黑斑與白斑的表現裡；如果不加以重視，可能錯失治療的黃金時期。

隨著醫療的進步，皮膚色素斑也被研究出可能透露出一些身體的訊號，例如，白斑裡的白癜風，可能會合併自體免疫疾病；全身性黑色素沉澱可能需要留意是否有荷爾蒙方面的異常。

過去色素斑的問題常被忽略，但隨著社會發展，皮膚的黑斑及白斑漸漸受到人們重視。醫學美容的演進，讓大眾更關心色素斑的議題。然而，目前卻不容易找到專門探討這方面的醫療衛教書籍，而且網路充斥著很多似是而非的文章，讓病人無所適從。像是肝斑的病人以為自己是不是肝臟有問題？為了追求白皙皮膚而拿檸檬敷臉，造成光照性皮膚炎，反而造成皮膚發炎色素沉澱；或是民眾一聽到白斑就誤以為是不治之症，使用一些網路偏方而錯

失黃金治療時期。

在皮膚科醫生的專科訓練中，有完整皮膚色素斑的診斷與治療經驗。門診遇到一些病患因罹患白斑而接受免疫療法，遲遲不見效，一直到皮膚科醫師檢查之後，才發現原來是皮膚老化的雨滴狀色素脫失，不需要使用免疫治療；也有病人因為臉上的黑斑到坊間去點痣，最後發現是黑色素瘤。

由於色素斑的成因和種類，遠比大家所想像的還要複雜，門診短時間很難詳細說明；加上色素斑往往需要很長的治療時間，而且病程反覆，更需要病人對疾病有一定的認識。本書透過門診病患案例集結成冊，帶大家認識一些常見的色素斑，並介紹目前的治療方法。希望透過這本書，讓讀者朋友對於色素斑有基本的認識，也把一些錯誤概念導正過來。

最後感謝大塊文化鈴慧主編和插畫家小瓶仔的

協助，促成了這本書的出版；也特別感謝家人及同事們所給我的支持和鼓勵！

　　希望透過這本書，引導讀者對於皮膚的色素斑有初步認識，學習自我檢測自己的皮膚，也方便與醫師討論自己的皮膚狀況。

第一章

皮膚
身體最重要的第一道防護

膚色
由黑色素細胞活性決定

　　對於膚色的追求，是源自早年社會地位的象徵，但是一切的根本，應該還是必須要建立在「健康」的基礎上，過與不及的膚色要求，都是不正確的。

　　亞洲人多喜肌膚白皙，主要是因歷史緣故，過去靠勞力工作的人們，多需長年累月在陽光下揮汗曝曬，因此皮膚較黝黑。相較於勞心工作的人多居室內，皮膚白皙、觀感上似乎社經地位較高，也較不易老化。但是這樣的追求，在西方文化是反其道而行的，西方人先天皮膚白，不容易曬黑，反而喜歡有日光浴感的膚色。只有富裕的人才比較有閒有

錢，到島國旅行做日光浴，或是從事戶外運動得到
小麥般代表時尚和健康的膚色。

黑色素可以幫我們吸收大多數的紫外線，因此
先天膚色黝黑的人比較不容易曬傷，也比較不容易
產生皮膚癌。先天膚色白皙的人，對紫外線的抵抗
力比較差，必須更嚴格做好防曬，才不會產生光老
化或皮膚癌的問題。

在追求漂亮的膚色前，應當先了解到自己的先
天膚色條件，才能在追求愛美的同時，也保護了皮
膚的健康。皮膚科學把人類的膚色分成六型，不同
膚色的人對於陽光曝曬後的反應會有所不同；從第
一型到第六型，分別從先天皮膚白皙到皮膚黝黑程
度來分。先天膚色比較黑的人，並不是有比較多的

黑色素細胞，而是黑色素細胞的活性比較高，產生比較多和大的黑色素和黑色素小體。

決定我們膚色最主要是黑色素細胞的活性，是黑色素細胞分泌黑色素的多寡和黑色素種類，而不是黑色素細胞的數量。黑色素細胞所分泌的黑色素有兩類，「褐黑色」和「黃紅色」。這兩種黑色素分泌的多寡，是受到黑色素刺激性荷爾蒙 MSH 作用所調控，會影響到皮膚色素。

正常皮膚是由四種生物色素組成，包括：

● 黑色素（melanin）。

● 紅色氧化血紅蛋白（oxyhemoglobin）。

● 藍色還原血紅蛋白（deoxyhemoglobin）。

● 黃色胡蘿蔔素（carotene）。

在身體有狀況的時候，膚色也會受到身體無法代謝的物質所影響，像是肝臟無法代謝的黃疸時，堆積會造成膚色的泛黃；或當病人得到多血

症時，氧化血紅蛋白的上升，造成膚色變紅。

◎ 膚色類型

類型	膚色描述	特徵
1	非常白皙、紅頭髮、雀斑明顯	非常容易曬傷、容易產生皮膚癌、不會曬黑
2	白種人，北部的亞洲人	不容易曬黑、容易曬傷，皮膚癌風險高
3	淡咖啡色皮膚，亞洲人居多	偶爾曬傷，可能曬黑成咖啡色
4	咖啡色皮膚，類似地中海、南亞洲人	很少曬傷，每次曝曬會容易變深咖啡色皮膚
5	深咖啡色非洲人、有些拉丁美洲人、南亞洲人	幾乎不會曬傷，容易曬黑
6	深黑皮膚，非洲人	不會曬傷，非常容易曬黑

◎ 黝黑膚色的黑色素和黑色素小體多

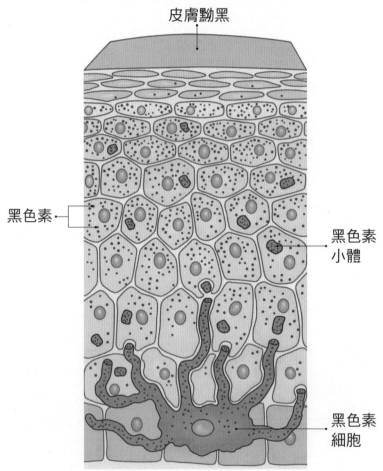

皮膚黝黑

黑色素

黑色素
小體

黑色素
細胞

◎ 白皙膚色的黑色素和黑色素小體少

皮膚白皙

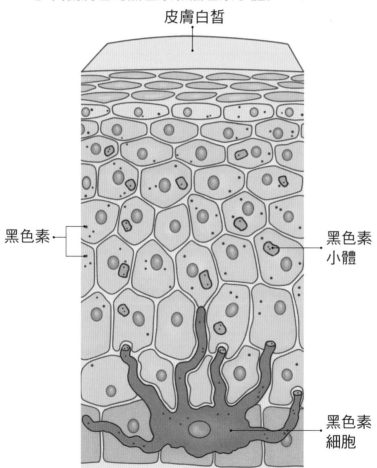

黑色素

黑色素
小體

黑色素
細胞

　　膚色白皙的人有比較少的黑色素，因此不容易變黑，但對於紫外線的保護力也較弱，比較容易曬傷。先天膚色黝黑的人，黑色素細胞的活性比較高，在接受陽光曝曬之後，比較容易產生更多的黑色素而變黑。

紫外線的剋星，黑色素細胞

　　黑色素細胞是表皮裡很重要的一環，最主要的功能是產生吸收光的黑色素（light absorbing pigment melanin），主要作用在保護皮膚不受到紫外線的傷害。

　　紫外線直接傷害皮膚細胞的 DNA, 經年累月可能會產生皮膚癌、腫瘤和皮膚老化的問題。黑色素細胞另一個功能是製造維他命 D，對維護骨骼的健康、荷爾蒙和免疫功能等，都扮演著很重要的角色。

　　黑色素細胞在表皮層的最下層「基底層 basal layer」，正常人的皮膚約九顆角質細胞，就有一顆是黑色素細胞。黑色素幹細胞也藏在毛髮的根部，產生黑色的毛髮。黑色素細胞和周遭的角質細胞有很密切的合作關係，當皮膚受到陽光照射的時候，會刺激黑色素細胞製造「黑色素小體 melanosome」，這 是 種 特 殊 的「內 孢 性 胞 器 intracytoplasmic organelle」，黑色素分泌都是在這裡進行。黑色素細胞在製造分泌黑色素（melanin）後，會把這些黑色素傳送到周圍的角質細胞。

　　這些分佈在角質細胞裡的黑色素可以吸收99.9% 的紫外光，保護角質細胞不受到紫外線的傷害。

　　製造黑色素過程最重要的酵素是「酪胺酸酶」，因此很多美白藥物或是產品，主要都是抑制這個酵素的作用。

◎ 黑色素細胞分泌黑色素小體和黑色素

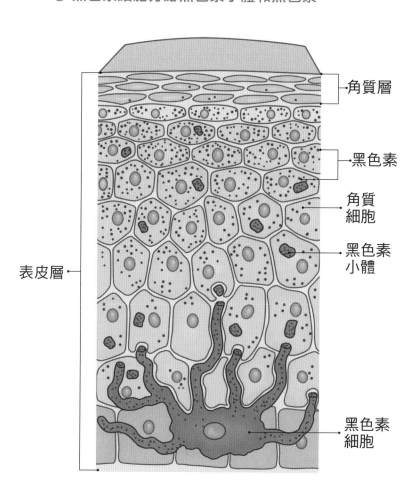

角質層

黑色素

角質
細胞

黑色素
小體

表皮層

黑色素
細胞

◎ 黑色素細胞的生長發育，黑色素細胞源自胚胎外胚層，存在於皮膚(表皮層、毛髮、神經)、耳朵、腦部、眼睛

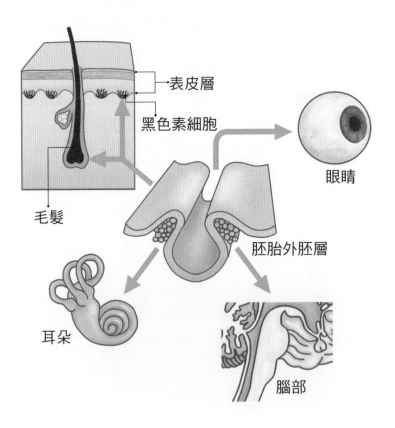

表皮層

黑色素細胞

毛髮

眼睛

胚胎外胚層

耳朵

腦部

除了表皮之外，黑色素細胞也出現在視網膜、腦膜、耳朵內耳。因此假設黑色素細胞在發育的過程受到影響，這些組織器官，也有可能會發育異常。像是有些出生就有先天巨大黑色素痣的病人，可能會伴隨腦部神經的問題，也有些先天黑色素缺乏的病人，伴隨著眼睛視力模糊，聽力受到影響，腦部癲癇等問題。

因此針對先天就有黑色素異常的黑斑或是白斑，皮膚專科醫師都會加以留意，門診會仔細檢查是否有伴隨其他的疾病，早期發現治療復健，效果比較好。對於晚發型白斑，因為部分白斑是屬於自體免疫攻擊黑色素細胞而形成的，除了留意到皮膚白斑以外，也必須要檢查其他附有黑色素細胞的器官，譬如眼睛、聽力、腦部，是否都有受到影響。

皮膚的生理機制

皮膚是身體最大的器官，皮膚的健康會透露著你的健康訊息；人類的膚色千變萬化，不同種族的人有不同的膚色，而同一種族、家庭，乃至於不同部位的膚色，也可能深淺不同。究竟人類的膚色是怎麼來的？皮膚又扮演著哪些作用？

受皮膚保護，我們不受到外來物、病毒、細菌的侵入破壞，也保護基因 DNA 不受紫外線破壞。皮膚的另外一個功能是代謝與製造，除了排汗、代謝，也製造維生素 D 幫助維護健康。

皮膚讓我們能夠和外界連接，比如皮膚的神經觸覺幫助我們探索世界，皮膚色素和所散發的費洛

蒙，都是幫助順利達到社交很重要的構造。所以說
皮膚的好壞，會影響到人的第一印象，也會直接或
間接影響到伴侶的選擇、工作的錄取、人與人之間
的種種社交關係。不僅代表了身體健康的皮膚，也
直接影響到我們人生的幸福；因此也不難想像，為
何市面上有這麼多皮膚保養相關的產品、醫美療
程、化妝品等等。

　　在開架式藥妝店，選擇治療皮膚藥、保養醫美
產品前，皮膚科醫師很強調的觀念是：必須要建立
在「不傷害 do no harm」的原則上，經過謹慎評估，
好處遠大於壞處再選購。最上上之策，還是由醫師
診斷後開處方箋，遵醫囑使用。

　　隨著時代演進，推陳出新的醫美產品和治療用藥越來越多，但依舊要回歸到皮膚的基礎功能，了解皮膚和色素細胞的生理機制，才能夠做出正確的選擇。

　　皮膚的組成可分成三大部分：

● 表皮層（Epidermis）。

● 真皮層（Dermis）。

● 脂肪層（Hypodermis/Subcutis）。

　　最主要保護的表皮層，由三大細胞所構成，包括了角質細胞、黑色素細胞、蘭格漢細胞。

角質細胞

　　分化成一層厚厚的角質層，在皮膚最外層保護我們不受到外來物的侵入，同時預防體內水分流失。

黑色素細胞

　　是本書要探討的重點，因為色素斑是和我們的

黑色素細胞功能息息相關。

蘭格漢細胞

　　扮演警察的角色，把外來的細菌病毒抓起來，送往身體的警局「淋巴結」去教導免疫細胞，之後遇到這些壞人就要發動攻擊，預防感染。

◎ 皮膚構造

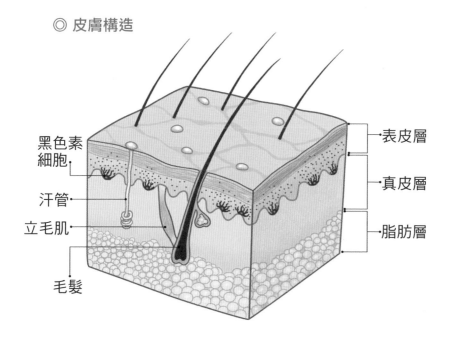

黑色素細胞　　　　　　　　　　　　　　　　表皮層

汗管　　　　　　　　　　　　　　　　　　　真皮層

立毛肌　　　　　　　　　　　　　　　　　　脂肪層

毛髮

身體違和的膚色訊號

　　正常人的膚色是由黑色素、紅色的氧化血紅蛋白、藍色的還原血紅蛋白、黃色的胡蘿蔔素，這四種生物色素組成。但是當身體健康狀況有病變時，身體無法代謝的物質過度堆積，就會形成膚色的改變。

　　陳先生是位中年男性，來皮膚科門診的主訴是「全身搔癢」，仔細檢查發現他皮膚上佈滿了抓痕，但並沒有很明顯的紅疹，全身皮膚看起來非常暗沉、而且泛黃；眼睛的眼白和口腔內膜，看起來也比一般人黃。因此懷疑是「黃疸」造成他的皮膚搔癢。經過抽血檢查後發現，陳先生的肝指數異常的高，是慢性 B 型肝炎未經治療所造成的肝硬化。陳

先生之所以膚色泛黃出現黃疸，是因為肝硬化造成黃色的膽色素無法代謝，堆積在皮膚和黏膜，使他整個人發癢、膚色發黃。

有趣的是，膚色變黃除了黃疸之外，過多的黃色胡蘿蔔素（carotene）也會造成膚色變黃。門診曾有位陳小姐，自述非常注重健康養生，平常追求蔬食、有機健康食品，這幾個月發現皮膚越來越黃，很擔心自己是否罹患黃疸而到門診就醫。

仔細檢查發現她的口腔黏膜、眼睛，並沒有變黃，陳小姐的手腳掌、額頭和臉部法令紋處，反而比較明顯泛黃。詢問她最近的飲食習慣，發現她每天早上和下午都會喝一杯胡蘿蔔汁和番茄汁。陳小姐所罹患的膚色泛黃，是因為過度攝取富含胡蘿蔔素飲食所造成的。

有別於黃疸，胡蘿蔔素血症病人的黏膜、眼白和口腔不會變黃。此外泛黃的膚色分佈，會在皮膚

角質比較厚的手腳掌、皮脂腺比較多的額頭，和法
令紋附近。胡蘿蔔素血症造成的皮膚泛黃，只要改
善飲食習慣就會恢復。雖然大部分的膚色發黃狀況
和飲食有關，還是必須要排除是不是有甲狀腺低下
的問題，因為甲狀腺低下也有可能會造成胡蘿蔔素
代謝下降，而造成皮膚泛黃。

肝硬化外，只要是會造成膽色素堆積的疾病，
像是膽囊炎、膽囊癌、胰臟癌等等，都有機會看到
膚色變黃。其中如果出現無症狀的黃疸，合併體重
迅速減輕、疲憊，必須要小心是否為胰臟癌的徵兆。

　　行醫印象中，遇到最特別的案例，是病房會診
時遇到一位中年男性，全身皮膚膚色呈現紅紫色，
伴隨著頭暈、頭痛、腦部梗塞的狀況，抽血檢查後

發現是整形多紅血球症（Polycythemia vera）；因過多紅血球、血紅素和藍色的還原血紅蛋白，造成膚色變成紅紫色。

類癌症候群

平常比較常出現的皮膚泛紅，或是局部性臉部通紅，很常出現在血管反應較敏感的酒糟性皮膚炎，或是短暫性的更年期熱潮紅。如果膚色經常出現潮紅，伴隨著腹瀉、低血壓的狀況，必須要小心類癌症候群（carcinoid syndrome）。類癌症候群不常見，但是如果出現必須要及早診斷治療，類癌的發生大部分是腸胃道出現了嗜鉻細胞增生造成的腫瘤，腫瘤分泌血管活性肽，造成血管過度反應，形成膚色的潮紅。

膚色暗沉變黑的原因

膚色變黑，是黑色素細胞保護身體不受紫外線

破壞的方式。黑色素細胞透過分泌黑色素到周圍的皮膚角質細胞，吸收掉會破壞 DNA 的紫外線。但是除了曬黑的「生理性」變黑外，是不是有其他膚色變黑，是需要特別注意的呢？

　　除了紫外線外，壓力和荷爾蒙異常，都有可能造成黑色素異常增加，造成膚色變黑或變白的情形，比如：

荷爾蒙失調

　　膚色變黑會發生在陽光曝曬、受傷的地方、皮膚皺摺和黏膜處，伴隨體重減輕、疲倦、頭痛肌肉無力，情緒變化、姿勢性低血壓、電解質不平衡。例如愛迪生氏症、腎上腺功能不足。

甲狀腺異常

　　甲狀腺亢進會造成皮膚色素沉澱變黑，可以是局部或是大範圍的發生，伴隨有頭髮變細、禿頭、容易流汗、指甲受到影響等等。

營養缺失

因為營養缺失造成的膚色廣泛性變黑，偶爾會在純素食的病人出現，因為維他命 B12 主要來源為肉類、乳製品和蛋黃裡，幾乎不存在一般植物性食物中。因此純素食的人必須特別注意維生素 B12 攝取，以免造成貧血、神經系統失調、記憶力下降和膚色變黑的問題。常見症狀有糙皮症、維他命 B3 缺乏、維他命 B12 和葉酸缺乏。

腎功能異常

腎功能異常的人因為腎臟代謝不良，造成過多的黑色素刺激性荷爾蒙（MSH）滯留，刺激黑色素分泌，造成黝黑皮膚，尤其是在陽光曝曬的部位。此外因為黃色的胡蘿蔔素和尿素無法代謝，會造成腎功能不佳的病人皮膚泛黃、同時伴隨著乾燥性皮膚和皮膚搔癢。

重金屬 / 金屬沉積症

如鉛中毒、汞、銀、鐵沉積等等。這些病人除
了皮膚之外，也可以在牙齦和眼睛發現金屬物質的
沉積，伴隨神經系統、肝腎功能異常、免疫功能異
常等的症狀。

藥物副作用

如四環黴素、抗瘧疾、心律不整藥物、化療藥
物等等，都會造成皮膚色素沉澱。

皮膚不只是我們外在的表徵，更是我們內在健
康的指標。很多內在疾病早期會在皮膚表現，透過
皮膚科醫師的仔細觀察、問診，可以幫助病人找到
潛在的內在疾病。皮膚科醫師好比偵探片裡的偵
探，透過對皮膚細膩的觀察，配合其他臨床症狀，
發覺病人最根本的問題，並加以早期治療。

第二章

黑斑家族

皮膚發炎後的
局部黑色素沉澱

　　黑色素細胞平常是幫我們保護皮膚不受到陽光紫外線的破壞，但是當黑色素細胞增生，或是分泌異常的時候，就會形成惱人的黑痣或黑斑。

　　除了黑色素細胞之外，造成黑斑的原因也可能是因為角質細胞增生過多異常。黑斑是一個很大的範疇，裡頭包含了很多種疾病，有深、有淺、有良性的也有惡性的。黑斑的種類繁多，包括了曬斑、老人斑、顴骨母斑、肝斑等，甚至還有屬於惡性斑狀的黑色素瘤。

　　每種斑的形成原因和處理方法並不相同，需要經過皮膚科醫師綜合判斷才能夠對症下藥。但很多

時候，黑斑的形成常常合併多種類型一起出現，因
此黑斑的治療比較棘手而且漫長。

形成黑斑的機轉

◎ 黑色素細胞分泌過多黑色素，所造成的黑斑，像
　是皮膚曬黑、色素沉澱、淺層肝斑等

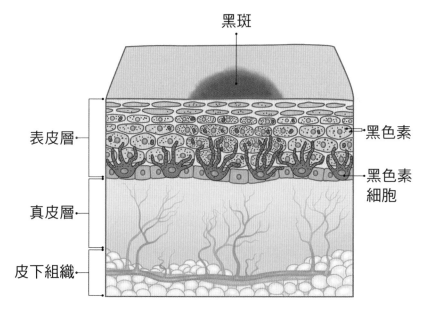

黑斑

表皮層

黑色素

黑色素
細胞

真皮層

皮下組織

◎ 黑色素細胞增生，像是黑痣、黑色素瘤等

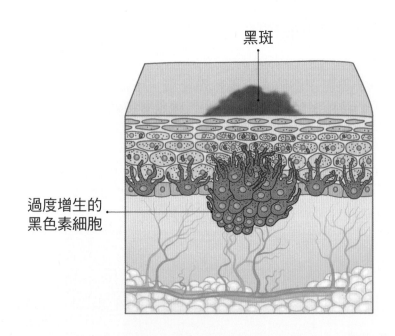

黑斑

過度增生的
黑色素細胞

◎ 黑色素及其他物質沉澱在真皮層所造成的黑斑，
　　像是深層肝斑、赭色病、太田母斑等

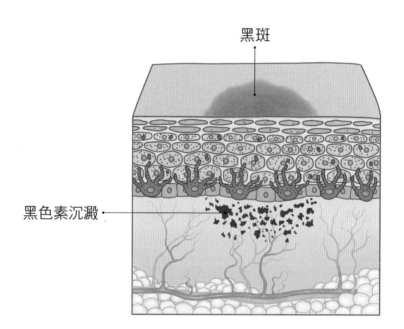

黑斑

黑色素沉澱

◎ 皮膚角質增生合併黑色素分泌增加，所造成的黑斑像是老人斑等

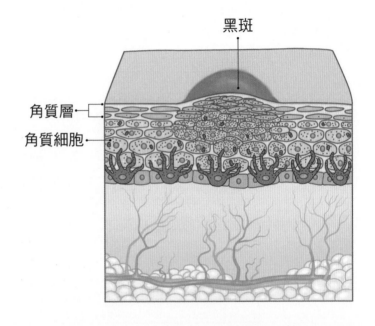

皮膚發炎後所產生的黑色素沉澱，會讓傷口變黑，稱為「發炎後色素沉澱」。例如：小孩跌倒後摔到的地方留下黑色痕跡、媽媽們下廚被油噴到、擠

過的青春痘癒合後所留下的黑色素沉澱等等，這些
在傷勢復原過程都會留下斑痕；便是發炎後色素沉
澱。有些人在經由冷凍治療（液態氮超低溫冷凍）
後，有可能也會發生這類的皮膚變黑現象。

　　發炎後的皮膚，可能因發炎的程度與體質不
同，而有不同程度的色素沉澱。若產生發炎後色素
沉澱，要注意防曬及避免刺激，並使用美白產品治
療，可以較快消退；或者耐心等待數月到一年，也
可能自動消失。

　　若色素沉澱已經穩定，歷久不退，可以考慮用
除黑斑雷射去除，或可迅速於數周內消除色素沉
澱，但是術後的照顧很重要，若照顧不好有可能再
次發生色素沈澱的機會，這些都需要事先考慮清楚。

　　年紀約莫60歲的陳阿姨，一進門診急著說：「醫師妳看妳看，我脖子會癢，好好壞壞的快十幾年了，塗了很多藥都不會好。我這是不是體內有毒素排不掉啊？還是腰子不好？肝也不好？」只見阿姨邊抱怨，還邊用力的去抓脖子上的皮膚。

　　我仔細檢查陳阿姨，發現她的脖子呈現一大片褐灰色沉澱，摸起來表面粗糙，有很多一顆顆的突起物。門診病人每每遇到長期治療不好的皮膚炎，常會擔心是不是體內出了什麼狀況。事實上，局部型的皮膚色素沉澱伴隨著表皮粗糙的現象，常是因為前面發炎沒有控制好，而衍生成慢性發炎所導致。

「苔蘚化皮膚炎」和「皮膚類澱粉沉積症」

　　發炎後的黑色素沉澱，伴隨著皮膚質地改變，最常見的是「苔蘚化皮膚炎」和「皮膚類澱粉沉積症」。這兩種疾病好發於慢性濕疹和異位性皮膚炎的

病人身上。

苔蘚化皮膚炎

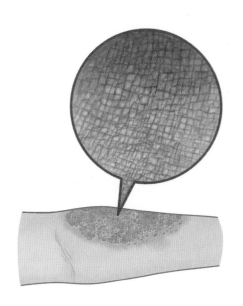

急性濕疹沒有治療好，可能進展成慢性濕疹，這時皮膚就會呈現色素沉澱、缺乏彈性合併脫屑，和皮膚皺摺變明顯形成像是苔蘚化情形。

苔蘚化皮膚炎好發於容易搔抓的地方，像是手肘內側和脖子，這時候的治療會需要比較長的時間，甚至很難斷根。如果仔細觀察，很多異位性皮膚炎的病人脖子都會看起來髒髒的，事實上是一種皮膚苔蘚化的狀況。

皮膚類澱粉沉積症

　　是一種不正常的澱粉樣蛋白沉積在皮膚造成的，臨床上有兩個類型，一種是以廣泛性黑色素沉澱，另外一種還會合併大小均勻一顆顆的紅褐色的丘疹，這兩種經常都會伴隨著搔癢的感覺。

　　類澱粉沉積症常會好發於上背部、四肢，尤其是小腿的前側。 看起來好像污垢洗不乾淨。類澱粉沉積症和吃的澱粉並沒什麼關係，也與一種血液疾病相關的嚴重類澱粉疾病無關。皮膚的類澱粉沉積症，主要是因為皮膚的表皮細胞經過搔抓壞死後，掉到真皮層，慢慢崩解所導致的。

　　苔蘚化皮膚炎與皮膚類澱粉沉積症，都是因為發炎治療不好，進入所謂的惡性循環。因為發炎造

成搔癢，病人就抓不停，久而久之形成黑色素沉澱和皮膚變厚，讓藥物無法進入，而皮膚雖然變厚、保護層卻喪失，造成些微接觸就會刺激皮膚發炎。

治療上，由於「癢」是罪魁禍首，所以止癢避免一直搔抓是最重要的，對於片狀的類澱粉沉積病灶，可以使用外用藥膏改善，但是藥膏對於突起顆粒型的病灶效果有限，往往需要搭配冷凍治療破壞，或是磨皮手術。

黑色棘皮症

小安是剛過 20 歲的大男孩，最近這一年來發現脖子後方的皮膚顏色越來越深，上面長出了一顆顆小小的突起物，

因為怕被同學譏笑「沒洗澡」，所以總習慣把衣領豎起來遮掩。仔細檢查後，小安的脖子後方皮膚暗沉有如絨毛打結似的粗糙，而且還伴隨著一顆顆增生的皮膚贅瘤。這是常見的「黑色棘皮症」。

黑色棘皮症，好發在脖子、腋下和鼠蹊部皺摺處，是皮膚角質細胞和纖維母細胞過度增生所造成的。很多原因會造成黑色棘皮症，其中最常見的是肥胖和代謝症候群，尤其是罹患糖尿病的人。

有些藥物包括類固醇、避孕藥，都有可能導致黑色棘皮症的發生。一旦病人減重或停藥後，這些病灶會自行消失。當黑色棘皮症突然廣泛性的出現，甚至影響到手掌、腳掌時，可能和體內惡性腫瘤相關，不可掉以輕心。

反覆出現的黑色瘀青斑塊，固定型藥疹

在診間，15 歲女孩小芳的媽媽主訴：「我女兒背上常有一塊瘀青斑塊，她說會有點疼痛。醫師這是什麼？是不是她去撞到了？可是也不對，為什麼總是背後的這裡在撞到？問小芳她又說沒印象有撞到什麼？」

細診了斑塊，看起來是圓形、黑紫色、邊際清楚的斑塊，中間有點浮腫。於是問小芳：「妳最近是不是有吃什麼藥？」

聽我一問，小芳媽媽很驚訝的說：「咦，醫師妳怎麼知道，前幾天因為感冒，有帶她到診所看病拿感冒藥吃。」仔細追問，發現原來小芳並不是第一次發作，每次都固定在背部這個地方，以至於誤以為是不知什麼時候、又不小心撞到，所造成的瘀青。

固定型藥物疹（Fixed drug eruption），是一種特別的藥物過敏疹。有別於常見的全身性紅疹，固定型藥物疹的病人會在服用藥物的 1-2 天內，在同一個部位反覆出現圓形到橢圓形的紫色斑塊，剛開始會產生癢或灼熱感，後來演變成紫斑，有時還會形成水泡，看起來好像受傷瘀青。

固定型藥物疹在發炎消退後，會變成一塊黑色的色素沉澱，久久不散去；下次接觸到同樣的藥物又會出現同樣的情形，隨著一次又一次因為服用相同過敏藥物而發作，顏色會越來越黑。固定型藥物疹好發的位置，在四肢、嘴巴和生殖器。

長在生殖器和嘴巴的固定型藥物疹，表皮比較容易破裂形成潰瘍。造成固定型藥物疹最常見的藥物，是 NSAID 類型的止痛藥，如果懷疑是止痛藥，

應該改成服用一般的普拿疼比較不會發作。固定型藥疹一般不會造成太大的生命威脅，但是如果都不理會病情，反覆接觸同類型藥物後，少數病人有可能變成全身多發性固定型藥物疹，這時候因為大面積皮膚缺損，和燙傷病人一樣，容易有感染的風險影響到生命安危。

廣泛性色素沉澱

　　全身廣泛性色素沉澱不常見，一旦出現，必須考量到的因素很多，包括藥物、金屬沉澱於皮膚、荷爾蒙失調，肝、腎功能不佳等。

　　就像一心破案般的偵探，皮膚科醫師需要搭配詳細的問診、理學檢查、抽血檢驗皮膚切片，尋找蛛絲馬跡幫助找到正確的診斷。除了黑色素外，皮膚色素的組成也包含了黃疸素和胡蘿蔔素，在考慮疾病原因時，都必須列入考量。藥物造成的影響是不少見的原因，藥物進入人體可以沉澱於皮膚，或者讓皮膚產生敏感，而造成色素沉澱變黑。會造成光敏感的藥物還不少，其中常用來治療青春痘的四環黴素，部分心律

不整藥物，都有機會造成色素沉澱。

　　曾有位病人楊阿姨，罹患慢性腎病，醫師建議應該要洗腎，但是她聽朋友說：「洗腎人會變黑，皮膚變黑嚕嚕。」愛漂亮的她因此而不太願意接受洗腎治療。

　　腎功能不佳的病人，皮膚較正常人黝黑乾燥，這是因為腎功能不佳體內毒素清除不全，同時過多的黑色素刺激性荷爾蒙 MSH 滯留，刺激黑色素分泌，長期下來會造成皮膚暗沉沒光澤，甚至變黑的情形。事實上並不是因為洗腎而造成的，洗腎或是接受腎移植手術，反而可以幫助體內中大分子毒素順利排出，皮膚顏色就會漸漸恢復，更對身體功能有幫助。

皮膚變黑，因為黑色素細胞分泌較多黑色素

膚色正常

黑色素

黑色素小體

黑色素細胞

愛迪生氏病（Addison's disease）

　　輕熟女小麗，覺得這幾個月下來，也沒曬到什麼太陽，可是皮膚越來越黝黑，便到美容門診諮詢：「是不是可以注射美白針或是吃藥美白？」詳細檢查後，我發現她這幾個月體重明顯減輕，頭髮也變得比較粗糙，並合併全身皮膚變黑的情形。再經過抽血檢查，發現小麗是愛迪生氏病 Addison's disease 患者。

　　愛迪生氏病，是種原發性腎上腺素不足的疾病，因為腎上腺功能失常，無法分泌足夠的皮質醇所引發的疾病。大多數病人會出現皮膚變黑的現象，即便是不常曝曬陽光的部位（如手掌、乳頭、口腔黏膜）也會變黑，同時疤痕色素也會變深。愛迪生氏病還會合併姿勢性低血壓、頭髮變得粗糙、體重明顯減輕、低血壓等，嚴重的時候有可能會併發精

神錯亂、口齒不清、昏迷嗜睡甚至死亡。

重金屬造成的色素沉澱

廣泛性色素沉澱還有其他需要考慮的現象，包括金屬攝取過量所造成的色素沉澱，這些金屬物質包含了汞、銀、砷、鉍等進入人體，沉澱於皮膚。因為金屬攝取過量所造成的色素沉澱病人，通常會合併一些神經學的症狀，如口齒不清、神經感覺異常、反應遲鈍等。

門診比較常見的廣泛性色素沉澱合併雨滴狀斑點，大部分是出現在過去居住在雲林嘉義地區的病人。這些病人因為喝過含有高濃度砷的井水，造成慢性砷中毒，影響到皮膚色素和皮膚癌的產生。其餘與金屬攝取過量的色素沉澱也可能和工作接觸有關，好在這樣的職業傷害目前變得越來越少見。

基底細胞癌，痣與黑色素瘤

巧蘭是 40 歲的妙齡女郎，去年開始在鼻尖新長出一顆約莫 0.5 公分的小黑痣，因為深覺影響容貌，決定到醫美診所求助，醫師說這是小手術並不難，安排做「雷射除痣治療」就行了。在接受雷射前一天，巧蘭在報章專欄上看到一篇關於黑色素瘤的報導，越想越憂心，決定還是先給皮膚科醫師評估看看。

小蘭在我的門診經皮膚鏡檢查，發現看似黑痣的腫瘤旁邊有增生的血管，型態呈現藍色塊狀，比較像是基底細胞癌的型態。我並未幫小蘭做雷射治療，而是安排她先做切片檢查，報告出來證實了我

的診斷，巧蘭之後在醫院接受了莫氏手術將癌細胞
切除。

容易被誤診成痣的基底細胞癌

並非所有的黑痣或黑斑都是良性的，其中最常
被忽略，長得像黑痣的惡性腫瘤，是「基底細胞瘤」
和「黑色素瘤」。

基底細胞瘤雖然不如黑色素瘤或是鱗狀上皮細
胞癌那麼有名，卻是最常見的皮膚癌，約佔所有皮
膚癌的一半以上。基底細胞癌的形成，和陽光曝曬
紫外線破壞最有關。相對於惡性的黑色素瘤，基底
細胞癌的生長速度緩慢，也很少轉移。臨床上，因
為生長得緩慢，很多人都會把基底細胞瘤誤以為是
痣不予理會。等病人因其他問題前來就醫時，被我
偶然發現。而且很多時候病人還會以質疑的態度，
認為不過是痣或老人斑。

　　仔細觀察，基底細胞癌往往會出現增生血管，也很常容易破皮流血。曾經遇過病人因不相信而拒絕就醫，一直放任到腫瘤肆意侵犯，形成惡臭潰瘍傷口才前來就醫。雖然基底細胞瘤鮮少轉移，但是可以往下侵犯底下的皮膚組織，造成肌肉骨頭的破壞。

莫氏顯微手術

　　是一種針對皮膚癌切除的特殊手術，一般是屬於較低風險的門診手術，可以在局部麻醉下施行。莫氏顯微手術與一般皮膚癌切除手術最大的不同，在於手術中會做冷凍切片，直接將切下的檢體處理後，在顯微鏡下觀察，藉以得知檢體邊緣是否還有癌細胞，進而判斷殘存癌細胞的位置，再將腫瘤切除乾淨。

　　這樣的過程，會一直持續重複直到腫瘤成功被

切除乾淨，才會進行傷口的縫合和重建。 手術的過程也會較傳統切除手術來得比較漫長，但因為是局部麻醉，病人可以在等待報告的時間在一旁看書或休息。與一般手術方式比較起來，莫氏顯微手術的優點在於可以達到比較高的治癒率，減少癌症復發機率。

　　莫氏手術除了術中馬上檢查之外，處理腫瘤檢體的方式和標記比較特殊，能精準的判斷腫瘤細胞的範圍，所以可以切除比較少的組織，比較不會影響到外觀或切除部位的功能。

手術方示	基底細胞癌	鱗狀細胞癌
一般切除手術	10%	8%
莫氏顯微手術	1%	3%

　　也因為莫氏手術有這麼大的優勢，在發達國家非常盛行，是治療基底細胞癌和鱗狀上皮細胞癌的標準治療。但是必須要強調的是，並非所有皮膚癌都適合莫氏手術，因為必須確保癌細胞在冷凍切片底下，是可以直接觀察的。像是黑色素瘤的癌細胞，在冷凍切片下就不容易判斷，必須藉由一般染色切片才能夠確認範圍，也因此發展出所謂的延遲型莫氏顯微手術（Slow Mohs）。

「延遲型」莫氏顯微手術

　　是在切除腫瘤之後，讓病人帶著傷口回家，等到切片報告確認邊緣是否受到影響之後，再進行第二階段的手術，直到癌細胞全部被移除為止。莫氏手術的平均五年復發率，相較於一般廣泛性切除手術低許多。因為可以精準的判斷腫瘤範圍，所以一般使用在容易局部復發的皮膚癌，或是皮膚癌位於

不適合切除太多皮膚的位置、免疫力缺失的病人，
或是前次手術復發未切除乾淨的病人。

惡性的痣，黑色素瘤（Melanoma）

　　黑色素瘤是大家聞之色變的痣。黑色素瘤在亞
洲東方人並不如西方人那麼常見，大約只佔皮膚癌
的十分之一，之所以可怕是因為黑色素瘤的惡性度
非常高，而且容易轉移，是死亡率最高的皮膚癌之
一，不容易治療。

　　黑色素瘤有很多分類，比較常見在皮膚比較容
易曬傷而不是曬黑的西方白種人。因為黑色素瘤的
盛行率極高，國外都會提倡防曬、每年做皮膚檢
查。在亞洲的東方人，因為皮膚比較不容易曬傷，
黑色素瘤的發生率不如外國人那麼高，但是亞洲人
的黑色素瘤比較常會出現在難以發現的部位，像是
腳掌、指甲，因為容易被忽略所以延誤治療時間，

通常在發現的時候都已經擴散，造成預後不佳。如果可以早期發現黑色素瘤，且馬上切除，就不需要到化療地步，預後也會比較好。

門診常遇到有些病人，看到相關報導之後赫然發現自己身上有某顆痣，越看越奇怪而感到焦慮，忙跑到門診就醫。事實上，國內外皮膚科醫師都在大力推動皮膚黑痣的 ABCDE 自我檢查方法。

A、B、C、D、E 自我檢查方法

A：Asymmetry 形狀不對稱、兩側形狀不一。

B：Border 邊緣不規則、缺角，或界線不清。

C：Color 顏色不勻稱，多種顏色組成，有些黑、藍、褐色夾雜白色。

D：Diameter 直徑大於 6mm，黑色素瘤往往會大於 6mm，約莫鉛筆擦大小，但也可能小於 6mm。

　　E:Evolving 外觀改變：從小變大、出血、潰瘍等。

　　當讀者朋友發現身上有痣快速長大，有顏色和形狀的改變，或是出現癢或出血等症狀，都應該盡速就醫。

A：形狀不對稱　　B：邊緣不規則　　C：顏色不均勻

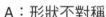

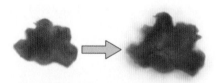

E：發炎流血或外觀改變

D：直徑大於 6mm

臉部各種黑斑

　　門診最常遇到病人因為黑斑問題來就醫，為了追求完美無瑕的皮膚而使用了很多產品或是雷射。事實上並沒有存在任何一項美白產品或是雷射治療，可以對付所有的黑斑問題，必須先了解黑斑的種類、分佈、特性，才有辦法對症下藥。

雀斑

　　雀斑，應該是大家都不陌生的，一般會以大小不一、數量很多、米粒到綠豆般大小的咖啡斑點，對稱的出現在臉頰兩側。

　　雀斑是種淺層黑斑，較多出現在年輕人的臉

上，也會隨著日曬惡化，冬天較無陽光的時候會比較緩解。雀斑在西方白種人和膚色較白的人很常見，有個很漂亮的名字，叫做「天使塵」（Angel Dust）。因為在西方的文化裡，雀斑被認為是漂亮的象徵。但在亞洲人的認知中，比較追求完美無瑕的皮膚，都會想用盡辦法去除雀斑。

雀斑治療通常會使用到除斑雷射，如銣雅各雷射、皮秒雷射、脈衝光等，都可輕易去除雀斑，通常在 1-3 次治療就可以達到很好的效果。但雀斑在治療後，如果不加以防曬，往往會在 1-2 年後又漸漸浮現。

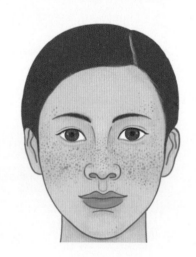

曬斑

曬斑呈現咖啡狀，微凸起的平滑斑塊。曬斑和日曬非常相關，因此常會出現在陽光曝曬的兩頰和手臂上。治療的方式可以使用淡斑藥膏的塗抹，也可以使用除斑雷射治療。

老人斑

老人斑又稱為「脂漏性角化症」，是常見的角質增生病灶，老人斑呈現黑色是因為角質的增生造成的黑斑。

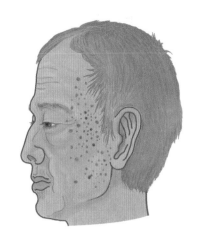

　　和曬斑不一樣的是，老人斑通常會比較凸，看起來好像一塊可以摳得下來的斑塊。但是如果嘗試去摳它，反而會刺激老人斑發炎變大。

　　老人斑的型態多樣化，與老化和日曬息息相關，大部分會以白、紅、褐黑色出現在皮膚各處。老人斑在大部分的情況下是屬於老化的正常現象，僅有美容上好不好看的疑慮；但是如果在短時間內，身上大量出現老人斑，就必須要小心是否因為體內出現腫瘤或癌症。

　　老人斑會隨著時間慢慢變大，有時候不小心摳抓到，可能會發炎。一般只要經過皮膚鏡檢查就可以確切診斷，如果沒有變化，就只有外觀考量，並不傷害身體。治療老人斑，可以用氣化型雷射精準

的磨掉凸起的部分，也可以使用電燒、冷凍治療的
方式，把增生組織破壞而達到治療效果。

肝斑

　　當臉頰兩側出現了肝
斑，不少病人憂慮：「是
不是肝臟出現了什麼問
題？」

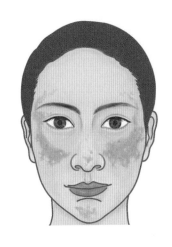

　　肝斑是一種很常見的
皮膚色素疾病，常見於亞
洲人和西班牙裔人種，發
生在女性的比例遠高於男性。常會出現在兩側臉
頰、額頭、眼周、下巴凸起處，和日曬相關，呈現
對稱型灰褐色的片狀斑塊。

　　肝斑的由來是因為形狀長得像肝臟一樣，分佈
在兩側臉頰，並不是因為肝功能不好而導致的斑。

肝斑形成與不少原因有關，目前的研究顯示最主要是因為紫外線暴露，加上荷爾蒙變化，如口服避孕藥、懷孕、血管發炎等，造成黑色素細胞和分泌增加，形成色素沉澱。

孕斑

　　孕斑或是妊娠斑，指的是孕婦在懷孕期間出現的黑斑。孕斑包含了前面提過的肝斑、曬斑和色素沉澱等。起因都與懷孕期間因為孕婦荷爾蒙的變化，造成皮膚出現黑色素的堆積和黑色素細胞的增生，所以常見會看到黑斑或痣的出現和增生；這些現象會在懷孕後改善。

顴骨母斑

　　顴骨母斑也是屬於比較深層的黑斑，屬於後天黑斑，分佈在兩側顴骨處。因為較深層，和太田母斑一樣會呈現藍或灰色，一般不會影響到黏膜層。

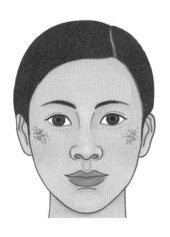

太田母斑

　　太田母斑是一種先天的黑斑，黑色素會分佈在皮膚較深層地方，因此會呈現灰藍色調。太田母斑一般會分佈在單側三叉神經支配處，可能影響到眼睛、耳朵和口腔的黏膜。

汞斑

　　汞斑的出現，是因為使用了不當含汞的保養品，造成汞沉積在真皮層，造成皮膚黑斑。汞之所以會被使用在保養品，是因為會透過與表皮蛋白結合，破壞黑色素酵素活動，讓黑色素無法形成而有立即性美白的效果。

　　很多業者過去用在美白霜裡，一開始會有立即性除斑效果，但是後來卻導致黑斑的出現，這是因為長期使用含汞的化妝品，汞會和皮脂腺分泌的脂肪酸結合形成沉澱，造成汞斑。一旦形成了汞斑，就很難去除。

里爾氏黑變病

　　里爾氏黑變病是屬於接觸性皮膚炎後產生的色素沉澱。通常是因為對使用的保養品或是化妝品產

生輕微的慢性接觸性皮膚炎，沒察覺而長期下來造成咖啡色的黑色素沉澱。

赭色病

赭色病是長期使用苯二酚相關美白產品，造成色素沉著於真皮層，形成赭色病。苯二酚是臨床很常使用的美白藥膏，但是必須注意不能夠長期使用，一般建議在四個月以內，否則一旦產生赭色病對治療的效果都不理想。

色素型扁平苔癬

「色素型扁平苔癬」和「光照性扁平苔癬」，是慢性發炎性皮膚疾病，原因不明，大部分都發生在膚色較黑的種族譬如印度人。臨床上會發現病人的臉上或是身上，出現很多黑紫色的斑塊，皮膚切片會發現皮膚的表皮和真皮層交界處，有發炎細胞浸

潤，形成慢性發炎。

植物性光照性皮膚炎

　　小芳是個愛漂亮的女性，在部落客文章上閱讀到有關居家美白 DIY 的文章，相信檸檬富含維生素 C 對美白有幫助，於是自己去購買了檸檬，敷在臉上。結果一周下來發現臉突然變黑，於是前來門診就醫。仔細觀察，小芳臉上的黑斑形狀特殊，就像切片檸檬的形狀，一圈圈，她罹患的是植物性光照性皮膚炎。

　　這是因為有些植物像是：檸檬、萊姆、佛手柑、芹菜、芸香等具有光毒性，如果在接觸後直接曬太陽，就會產生發炎和色素沉澱的情形。每到夏天，偶爾就會遇到門診病人，因為突發性的手背變黑，或是嘴巴周圍紅腫變黑，仔細詢問才發現和擠檸檬汁、使用精油或是香水又曬太陽之後，產生的結

果。門診也遇到過從事餐飲業的病人，因為擠萊姆後沒洗手，直接曬太陽之後，手背出現曬傷和起水泡。因此在接觸到這些可能具有光毒性的植物，務必要清洗乾淨，盡量待在室內避免陽光曝曬。

雷射除斑

　　在評估黑斑時，皮膚科醫師會先觀察黑斑的分佈、外型以及部位。過去的皮膚科醫師在判斷腫瘤是良性或惡性，都憑經驗，對於疑似腫瘤只能安排做進一步的切片化驗。隨著科技的進步，皮膚科醫師如今有更精確的武器「皮膚鏡」，可以協助做更精確的判斷腫瘤是良性或惡性。

　　皮膚鏡並不是放大鏡，它可以透過特殊的光源，以及放大功能協助醫師辨別細微的構造和深度。不同的黑斑、痣或腫瘤，都有各自特殊的表現，這樣就可以減少接受比較侵入性的皮膚切片。倘若突然出現廣泛性黑斑，這時候就會進行詳細的問診，並

且檢查體內是否有出現問題。

不同的斑，對於雷射的效果也不一樣

門診常會遇到對雷射除黑斑感到困惑的病人，她們常會問：

「醫師，我臉上的斑到底要使用哪一種雷射才對？」

「我上次去 A 診所，跟我說可以使用飛梭雷射，可是 B 診所卻跟我說不行？」

「最新的皮秒雷射究竟是什麼？是不是比較厲害？」

這些都是病人在門診很常問我的問題。

追求漂亮白淨的皮膚，是絕大多數人所嚮往的，但是我認為必須建立在安全的基礎上！

　　必須先確診病人是哪一種黑斑，再使用適合的雷射才不會造成傷害。因為黑斑的種類不同，對於雷射的效果也不一樣，如果是惡性的黑斑，不小心使用雷射治療，反而會延誤治療時機，甚至危及生命。

　　太多的業配廣告摻雜在醫療訊息中，讓一般大眾覺得眼花撩亂無所適從。 臨床上，也會遇到很多病人對於雷射有過度的期待，誤以為「黑斑只要一次雷射治療，就會和橡皮擦一樣，全部根除」。

　　事實上，目前並未有一種雷射可以有效徹底清除所有的色斑，各種雷射機器都有其優缺點，需要靠醫師判斷，甚至搭配混合使用互補不足，才能夠對症下藥，真正有效的去除黑斑。我認為要接受雷射前，消費者也應該要對雷射有基本的認知，才不會得不償失。接下來會為大家簡單的介紹目前市面

上的雷射原理和種類，讓大家對於雷射有個基本的概念。

接受雷射前，該有的基本概念

雷射是 Laser 的翻譯，一開始是使用在軍事用途上，隨著技術演進才漸漸使用在醫療上，乃至於醫學美容。

雷射所發出來的光非常專一，只發出特定的單波長，作用在治療想要破壞的組織上。選擇雷射的種類，不能夠像點菜一樣隨便點，因為不同組織對雷射的感受性不同，必須選擇主要針對性的波長，才能夠精準的破壞想破壞的組織，而不造成周圍皮膚的傷害。

不同的雷射波長（nm）會作用在不同的載色體（chromophore）。而這載色體又可以細分成三大類：包括了水、血紅素和黑色素。它們分別有不同的吸收波長。雷射就是運用這樣的原理，選擇針對性的波長，像是如果要治療臉上的血絲，會使用波長585nm的染料雷射，讓雷射作用在血紅素上。

另外還有一個重要的觀念，是雷射的深度，取決於雷射的波長，越長的雷射波長，可以達到越深的組織。也就是說：1064nm相較於532nm波長的雷射，可以達到比較深層的組織。

脈衝時間（pulse duration）是雷射治療原理很重要的因素。這個原理是說，雷射照射後，瞬間會產生高溫往周邊組織傳導，自身熱緩解、冷卻，所需要的時間。在治療黑斑的時候，我們希望雷射不會加熱周圍的組織，造成黑色素沉澱（反黑），因此相對會想運用比較低的瞬間加熱。說到這裡，大家

或許會對雷射的原理感到混淆。舉例來說吧，如果我們要治療黑斑，除了要挑選適合黑色素「載色體」的波長，也必須同時考慮到到達黑斑「深度」，挑選最適合的波長，才能夠作用在病灶上。

當然也必須選擇最短的瞬間脈衝時間（Q-switch 或是皮秒 Picosecond），以極短的瞬間脈衝，去撞擊黑色素，讓黑色素分裂崩解，同時減少周圍組織受到加熱破壞。這些崩解的黑色素，會隨著時間慢慢被人體吞噬細胞清除代謝。相對的，如果把雷射設定成脈衝時間（long pulse）較長的時候，目的是藉由加熱能量去達到除毛的效果。因此，同一個波長的雷射，可以在不同脈衝時間的設定下，達到兩種截然不同的效果。簡單來說，短脈衝（Q-switch）的亞歷山大雷射，可以用來除斑；而長脈衝（Long pulse）是用來除毛的。

除斑雷射的原理

皮膚科醫師在使用除斑雷射，首要考慮到的是斑的深淺和種類。黑斑的種類和深淺會影響到醫師選擇的機器、雷射波長和設定。

對於淺層的黑斑像是雀斑，一般會使用比較短波長的雷射，直接加熱作用在表淺的斑，使得斑結痂脫落有新生的皮膚。但是對於比較深層的斑，則是會選擇以瞬間脈衝時間，以極短的瞬間脈衝，去撞擊黑色素，讓黑色素分裂崩解，然後再讓人體吞噬細胞清除、代謝掉這些黑色素來達到治療的效果。一般而言淺層的黑斑會比深層黑斑好處理，深層黑斑往往需要多次治療，搭配口服美白錠和藥膏塗抹才能夠達到效果。

在除深層斑的時候，尤其是肝斑，必須避免操之過急，使用太強的雷射能量，否則反而容易造成

皮膚反黑的副作用。如果雷射頻率太頻繁，或是能量太強有時候除得太超過，反而會造成黑色素細胞死掉或不分泌黑色素，導致雷射後白斑。

除斑是一門深奧的學問，並不是大家想像的那樣，隨便用一台酷炫的機器打一打，就能夠和橡皮擦一樣把所有黑斑都殲滅。事實上，很多時候除斑雷射需要多次才能夠達到效果，而且術後的防曬保養很重要，才能夠降低復發的機率。此外，每個人的狀況和需要的次數也會有所差別，需要個別評估，依照病人的膚色、皮膚狀況和黑斑的種類綜合判斷，才能夠找到最適合的治療方法。

◎ 雷射淺層除斑的原理

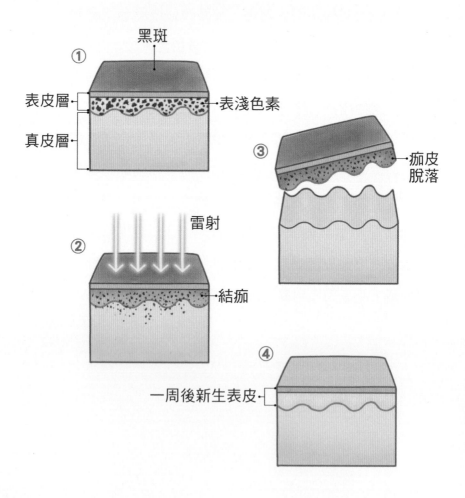

◎ 雷射深層除斑的原理

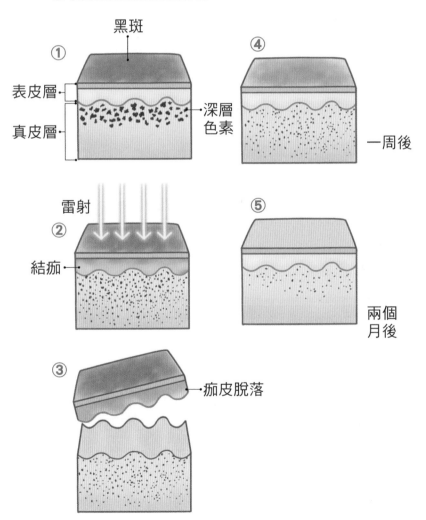

雷射必須注意的事項

由於雷射有可能會破壞組織，影響傷口癒合，因此在接受雷射前一個月，最好避免口服 A 酸、光敏感藥物、去角質等。可能破壞皮膚的行為，都應該先停止，避免皮膚太脆弱，反而增加術後反黑的機會。如果皮膚正處於發炎時期，比如曬傷、過敏，都不適合接受雷射治療。孕婦、服用抗凝血劑、糖尿病，或是有蟹足腫體質的病人，在使用雷射時必須謹慎。

除斑雷射的種類

市面上有非常多很酷炫的雷射名稱，比如赫赫有名的淨膚雷射、白瓷娃娃、柔膚雷射、紫翠玉雷射、皮秒雷射……但是這些讓人眼花撩亂的說詞，都是不同廠商在推出自家機器時，廣告包裝的誘惑

名稱。事實上，如果回歸雷射的作用波長，可以把除斑雷射大致上分這幾類：

鉫雅各雷射 (Nd:Yag laser)

大家或許對鉫雅各雷射不太熟悉，但市面上大家聽過的「淨膚雷射」、「柔膚雷射」等除斑雷射，都是屬於鉫雅各雷射。

鉫雅各雷射的特色，在具備 532nm 和 1064nm 這兩個波長，剛好可以針對深淺層斑做治療。鉫雅各又分成短脈衝 Q-switch、和長脈衝 Long pulse。短脈衝是用來除刺青的，長脈衝則是除毛。532nm 波長比較短，穿透深度比較淺，比較適合用來處理淺層斑，像是雀斑和曬斑。1064nm 波長則穿透力比較深，可以用來處理深層色素，如太田母斑、顴骨母斑和黑色素，同時可以刺激到較深的真皮層，刺激膠原蛋白新生，收縮毛孔。

紅寶石雷射（Ruby laser）

紅寶石雷射是屬一屬二最「元老級」的除斑雷射。紅寶石雷射發出 694nm 波長，可以比較專一的作用在較深層的黑色素，而不傷及旁邊的血管血球，尤其像是太田母斑和顴骨母斑，使用紅寶石雷射的效果會比鉫雅各雷射來得更好。然而因為亞洲人的皮膚相對比較敏感，在接受紅寶石雷射後，比較容易出現雷射後白斑和反黑的問題。

亞歷山大雷射
（Q-switched Alexandrite laser）

亞歷山大雷射的波長是 755nm，短脈衝可以用來除斑，但是會用長脈衝時，是使用在除毛方面。

脈衝光（Intensed Pulse Light）

脈衝光以原理上來說，不算是真的雷射。脈衝

光是利用 560-1200nm 波長的光線照射，比較低的
波長可以被黑色素和血紅素吸收，淡化斑點和微血
管，較長的波長則是可以作用在真皮層，活化纖維
細胞。但因相較於雷射比較不具專一性，所以能量
無法太高，對什麼都有效，但效果都比較弱。

皮秒雷射 (Picosecond laser)

是近幾年雷射的一大突破，皮秒是以一個時間
的單位，1 秒 =10000 億（10^{-12}）皮秒。雷射的原理
特別會提及所謂的脈衝（pulse duration），皮秒雷射
就是它的脈寬被壓縮到皮秒的級別，因此瞬間能量
相對過去大多使用奈秒級的傳統雷射，高出上千
倍。也因為這樣的特性，使得皮秒雷射可以把黑色素
震得更碎，比較不會傷及周圍組織。目前存在於市
面上的皮秒雷射有很多種，分別因為不同的波長、
產地，而有不同的名稱，各有優缺點。比較特殊的

是近年來，發現加了特殊探頭的皮秒雷射，可以在真皮層產生 LIOB 空泡，改善疤痕收縮毛孔。

磨皮氣化型雷射（Ablative laser）

磨皮氣化型雷射，包括了波長 2940nm 的鉺 - 雅各雷射（Er : Yag）和波長 10600nm 的二氧化碳雷射。這兩個雷射都是運用雷射對水的選擇性熱療反應（Selective photothermolysis），產生高能量，造成皮膚表層的氣化，一般使用在凸起或表層的老人斑、曬斑以及除痣。氣化型雷射如果磨得太深，就會產生一個凹疤或是導致疤痕的形成。因此對於比較深層的黑痣，或是凸起來的黑痣，都可能會在術後復發，往往需要搭配手術切除才能夠移除乾淨。磨皮雷射術後會產生一個淺層的傷口，術後搭配人工皮或是塗抹藥膏，傷口約一至兩周就痊癒。新長出來的皮膚會呈現微粉紅色，一直到三個月後才會恢復

跟周遭皮膚一樣的膚色。也因為有傷口的產生，因此如果皮膚處於感染的狀況，或是近期罹患唇疱疹，都應該避開使用此雷射磨皮。

◎ 氣化型雷射「除痣」的原理

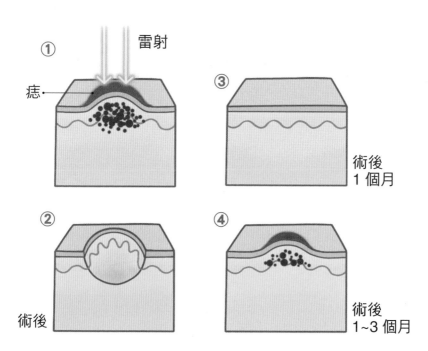

雷射後的「反黑」

　　小美是追求時髦、愛漂亮的女生，這次到門診主述的情況是：「皮膚在接受雷射後越來越黑！醫美診所的醫師跟我說這是最新型雷射，完全不會有反黑的問題。可是我剛打完皮膚很白淨、漂亮，兩周後皮膚卻越變越黑，我該怎麼辦？」雷射治療後，最為人詬病的副作用，就是雷射後的反黑，在醫學上被稱為「炎症後色素沉著」。

　　皮膚在接受雷射除斑的同時，難免會受到雷射的熱傷害造成發炎，而皮膚在發炎後就會產生色素反應，出現色素沉澱，造成原本雷射作用下淡化的黑斑重新變黑。

　　這種現象在有色人種比較常見，這是因為亞洲

黃種人的黑色素細胞活性，相對西方白種人來得敏感，比較容易受到荷爾蒙、日曬和雷射治療而造成皮膚變黑。

隨著科技發達，近年來雷射機器推陳出新，從過去除斑的淨膚雷射，到最新最夯的皮秒雷射，讓消費者對於雷射的選擇眼花撩亂，廣告經常還會強調「最新引進的雷射不會有反黑副作用！」但事實真的是這樣嗎？

雷射後反黑的預防

想用雷射除斑，必須先了解造成反黑的過程，再加以預防才對。雷射反黑並不是除斑失敗的一種表現，而是皮膚自我修護的表現，經過一段時間後，皮膚終究會代謝掉這些色素，變成正常膚色。

嚴格的術後防曬

一般來說，皮膚在接受雷射治療後約一周，就會慢慢結痂癒合，雷射部位會呈現新生的粉紅色皮膚，色素反黑通常會在雷射兩三個月後代謝。而要減少反黑的現象，首先是要在雷射後做嚴格的術後防曬，皮膚在接受雷射治療後會比較脆弱，這時如果沒有做好防曬，紫外光就很容易刺激黑色素細胞，造成色素沉澱。

術前確保
沒有服用可能造成光敏感的食物或藥物

雷射前要確保沒有服用或塗抹一些可能造成光敏感的食物或藥物，像是檸檬或是四環黴素等。

預防反黑，醫師對雷射能量的設定很重要

　　無論是新或舊機器，如果為了追求「立刻淡化」的效果，而把能量設定過強的時候，就有可能造成反黑問題。除斑雷射之所以要分成多次，以較低能量的方式執行，主要是為了降低反黑的副作用，正是「欲速則不達」。

　　使用雷射治療時，皮膚色素越黑的人，選擇的雷射設定必須越保守，分成多次施打，才不會有反黑的問題。雷射能量和機種的選擇，是需要按照黑斑種類去調整的。並非所有的黑斑都適合做雷射，有些黑斑像是老人斑、雀斑，可以比較容易在一兩次雷射後就完全根除，但是較深的肝斑在接受雷射的時候就必須特別小心反黑的問題，雷射能量不能夠太高，分成多次施打，並且搭配塗藥和口服美白藥物傳明酸（Tranexamic acid）的雞尾酒療法，才能夠得到好的控制。

「黑斑雷射去除」術後的照顧

雷射後，被治療的皮膚會出現暫時性泛紅，這時給予冰敷後會慢慢消退。局部除斑使用能量較強的部位，會出現白色薄型結痂，醫師會搭配藥膏做局部塗抹，降低發炎促進修復。

除斑後形成的小結痂，大約 1-2 周會自然脫落，這段期間必須避免使用刺激性商品，像是含果酸或是去角質產品，才能夠讓皮膚修復。

接受雷射後，必須加強皮膚的保濕與防曬！皮膚保濕有助於讓皮膚盡快修復，恢復健康的皮膚屏障；防曬是因為皮膚在修復初期比較脆弱，嚴格的防曬可避免皮膚發黑。

氣化型雷射

　　如果使用的是氣化型雷射，皮膚會有淺層傷口，應該要定時清潔、搽藥，或是貼人工皮小心預防感染。如果有單純皰疹病史的病人，使用氣化磨皮雷射時，必須投以口服抗病毒藥，避免大面積感染。我曾經在門診遇過病人在接受磨皮雷射 1-2 天後，臉部紅腫劇痛，出現非常多大小不一的潰瘍，仔細詢問才知道這病人在接受雷射前一周，曾經有嘴唇皰疹，因為雷射會破壞皮膚的保護層，病毒會沿著傷口感染全臉，如果沒有及時治療，有可能會留下永久的疤痕。

雷射除斑與黑斑的藥物治療

　　目前最常用的治療方式為退斑藥膏，搭配雷射治療和美容換膚。其中雷射後易反黑，就亞洲人的

皮膚來說，尤其是肝斑患者不少見，必須配合嚴格防曬來作為預防。治療黑斑的過程，必須要有耐心，切勿貪圖「立即見效」而選擇了不當的保養品，或是來路不明的美白產品。過去很多「立即性」的美白產品裡，含有會造成長期傷害的成分，像是類固醇、汞化合物或是刺激的過氧化氫（雙氧水）等等，雖然短暫可以產生立即性美白的效果，但是長期塗抹就會造成不可逆的副作用。

近年來推出的皮秒雷射，因熱能作用時間極短，熱傷害較低，可以降低反黑的機率。除了雷射後反黑，雷射後反白，也是個必須注意的問題。

太頻繁的雷射和長期紫外線破壞，造成黑色素功能缺失，可能會產生花臉的情形。在追求美的同時，皮膚科醫師更強調皮膚的健康保養，就是皮膚防曬。

治斑的「藥膏塗抹」與「口服藥物」

　　門診病人花阿姨，為了追求皮膚的白皙，聽信隔壁鄰居到地下電台購買的祛斑藥膏，聲稱塗抹之後立刻見效。花阿姨在一開始塗抹的時候，發現皮膚的確有變白，但是在連續塗抹 2-3 個月之後，發現皮膚越來越薄而且伴隨著血絲的出現。在門診經檢查發現皮膚是類固醇性皮膚炎，花阿姨所使用的藥膏內容成分裡含有高劑量類固醇。

　　臨床上，這類型的病人很多，因為聽信一些隔壁鄰居、菜市場或是地下電台的銷售員，所以購買了一些來路不明，號稱可以立刻見效的除斑藥物。比較年輕的族群，就會到醫美診所打美白針，究竟

這樣的行為安全嗎？

口服藥物

使用在黑斑宣稱很有療效的藥物有很多種，其中以傳明酸（Tranexamic acid）最為有效，而且已經被多國研究所證實。 傳明酸又稱為「凝血酸」，過去被廣泛使用在外科和婦產科，治療月經大量出血和手術後的止血。傳明酸使用在黑斑的治療一開始是日本科學家在 1979 年不經意間的發現，一開始是想要嘗試使用在治療蕁麻疹，結果發現病人臉上的肝斑漸漸變淡。

科學家研究傳明酸在皮膚的作用，結果發現傳明酸之所以會有美白的功效，是因為傳明酸可以抑制血纖維蛋白溶解酶 plasminogen (PA)，而 PA 和紫外線造成皮膚發炎變黑和荷爾蒙影響的黑色素分泌形成都有影響。

透過抑制 PA 和肥大細胞的作用，傳明酸可以有效的緩解皮膚發炎，進而減少黑色素細胞的刺激分泌。傳明酸的構造被發現和黑色素分泌的酪胺酸酶很類似，因此認為傳明酸可以透過抑制酪胺酸酶，而達到美白的效果。

很多人也會好奇，既然傳明酸是被使用來止血，那攝取傳明酸豈不是會容易中風？但大規模研究發現這樣的機率非常低。一般來說，傳明酸使用在美白的劑量，是止血劑量的六分之一到八分之一倍。 就算是使用在治療大量經血的傳明酸劑量，也幾乎沒有出現中風血栓的副作用。傳明酸對於黑斑尤其是肝斑有很好的治療效果，一般會讓病人服用8-12 周，再搭配藥膏塗抹和光學治療可以達到很好的療效。

除了口服劑型，傳明酸也被使用在美白針劑裡，搭配維生素 C 的注射，但是針劑注射的安全性

還未被證實，畢竟傳明酸是屬於止血劑，因為針劑
注射的吸收遠比口服或外用塗抹高，必須特別小心
造成血栓的風險，還有注射的風險，包括是否無菌
注射、藥物的來源等等。

　　近幾年傳明酸也被加入外用式產品如面膜、乳
液等保養品當中。臺灣的食藥署有規定劑量不超過
2-3%。但是傳明酸經皮吸收的有效劑量，目前還在
研究當中，外用配方的其他因子是否會干擾到傳明
酸的作用，或是造成過敏都是必須考量的問題。

三合一美白藥膏

　　許多人到皮膚科診所治療黑斑的時候，都會聽
到醫師建議三合一美白藥膏的處方。三合一配方是
由皮膚科醫師 Kligman 和 Willis 在 1975 年發表，是
目前治療肝斑的標準處方。三合一的美白藥膏雖然
對黑斑有淡化的效果，但是如果使用不當，還是有

可能衍生出其他副作用的。

　　所謂的三合一成分，主要是結合重要的美白主成分苯二酚（Hydroquinone）、外用維生素 A 酸（Tretinoin）和弱效的類固醇。苯二酚 Hydroquinone 是美白常用的傳統成分，按照不同濃度分成 2% 和 5%。

　　苯二酚的結構和黑色素的前驅物相似，可以抑制酪胺酸酶的活性，抑制黑色素形成和分解黑色素小體（Melanosome）等作用。因此苯二酚被廣泛運用在治療黑斑如肝斑和曬斑以及發炎後的色素沉澱。在使用苯二酚的產品時，必須要注意一些副作用，像是苯二酚在照射日光的時候會氧化變質，因此建議在夜間使用；也必須要避免同時塗抹含有 Benzoyl peroxide 的青春痘藥膏。

　　使用苯二酚單方的藥膏，必須要小心過敏的情形，如果塗抹太多或使用高於 4% 的配方時，比較

容易造成皮膚乾燥刺痛和接觸性皮膚炎。而三合一配方裡的低劑量類固醇，正好降低苯二酚和外用維生素 A 酸的刺激性。

一般不建議連續使用苯二酚超過四個月，而是建議和其他美白產品如杜鵑花酸 Azelaic acid，熊果素 Arbutin 和麴酸 Kojic acid 交替使用，這是因為連續使用容易造成赭色症 (褐黃病 Ochronosis) 的副作用，反而造成色素沉澱於真皮層，很難去除。

三合一藥膏裡的第二個成分，外用維生素 A 酸，最主要是促進角質代謝，並增加苯二酚的穿透吸收。此外，外用維生素 A 酸也可以延緩皮膚老化。但單使用外用維生素 A 酸，容易造成皮膚乾燥脫皮和刺激性，因此才會搭配使用三合一裡的低劑量類固醇來降低刺激性。

但是正如我們所了解的，類固醇會有皮膚變薄、微血管擴張和降低皮膚免疫力的副作用，因此

在使用三合一美白藥膏時都必須要謹慎，不建議長期當作保養品一樣的使用，而是中間必須要結合保養或是其它美白產品的使用，才能夠兼顧效果與安全。

杜鵑花酸 Azelaic acid

杜鵑花酸比較廣為人知是使用在青春痘的治療，但事實上杜鵑花酸也同時具有美白的功效，主要是作為酪胺酸酶的競爭性抑制物，同時減少皮膚內部的自由基產生，阻斷黑色素細胞的過度活化，因此可以使用在治療肝斑、色素沉澱和雀斑等。

研究也證實 20% 杜鵑花酸的效果和苯二酚在治療肝斑的效果相當，但長期塗抹比較不會造成赭色症（褐黃病 Ochronosis）的副作用。但是在使用杜鵑花酸時，同樣也容易有刺激性的副作用，因此建議要做好皮膚的保濕。

美白針

　　蔡小姐因為臉上的黑斑，到醫美診所接受美白針的注射治療，但是在某一次注射之後，右手注射處開始浮現紅腫現象，伴隨著發燒的情形，仔細檢查針頭注射處有些微的紅腫發炎，輕微按壓之後有黃色濃液流出。

　　近年來因為醫美治療的盛行和推廣，讓美白針成為治療黑斑的一種流行，以至於很多愛漂亮的女性把美白針當作保養，認為就和發燒住院時注射點滴一樣，可以快速達到效果。美白針的成分目前沒有一個標準，大部分的美白針所含有的成分包括前面提到的傳明酸、維生素 B 群、維生素 C、肌醇、

膽鹼、穀胱甘肽（Glutathione）等去做調配。裡頭像是傳明酸和穀胱甘肽都有一些研究證實它們對於黑色素生成代謝有影響，而其餘的成分大多屬於抗氧化劑，減緩發炎。

美白針裡的成分固然對皮膚變白有幫助，但這樣的治療選擇值得我們深思。在藥物治療的選擇上，一般如果可以透過外用藥膏就達到效果，這樣的風險會優於口服藥物，而口服藥物又會比注射藥物來得好。以注射藥物來說，靜脈注射又會比肌肉注射的吸收更高。

因為口服和注射藥物會經過肝腎的代謝，必須考量到藥物是否會影響到其他器官？以及最後到達要作用的皮膚究竟還剩多少？靜脈注射的方式雖然可以確保最強最快的吸收，但是如果在注射過程消毒處理不當，反而會增加感染的風險，小則像是蔡小姐的皮膚感染蜂窩性組織炎，大則可能透過血液

感染全身造成敗血症或是心內膜炎。

皮膚的色素是需要長期控制的，因此反而是皮膚的防曬保養和飲食作息調整來得更重要。追求漂亮之餘，更應思考治療的風險。

其他用於美白的成分

亞洲人因為追求皮膚白皙，因此美白產品也就非常的盛行，但是在追求美白的同時，我們又多了解美白成分呢？還是就一味的覺得，只要是明星代言的一定就是有效？近年來還盛行自己 DIY 保養品配方，號稱這樣最安全，可事實真的是這樣嗎？

以下帶大家來了解一些市面上常見的保養品裡的美白成分和它的作用，以及在使用保養品時候應

該注意的事項。

　　科技的進步，保養品的發明也越來越日新月異，以目前常見的美白成分可以略分成三種作用。但是大部分的美白成分都會兼具一種以上的功能，比如甘草萃取對於黑色素可以移除並且抑制黑色素的生成，同時也有抗發炎作用。

一，直接抑制黑色素細胞的功能

　　包括影響黑色素細胞體的製程，黑色素細胞酵素活性等，達到淡化色素的效果。比較常見的成分包括維生素 C、甘草萃取 Licorice extract、麴酸 Kojic acid、蘆薈苦素 Aleosin 和熊果素 Arbutin。

二，使用抗氧化和抗發炎產品

　　皮膚在受到紫外線傷害之後，會產生自由基破壞細胞的 DNA，造成慢性發炎，進而導致皮膚老

化、長斑。抗氧化和抗發炎的產品，主要在於緩解紫外線對皮膚細胞的破壞，進而間接的抗老化和美白。這類的抗氧化產品非常多，以它們分子的類別可以大略分成：

- 類胡蘿蔔素（維生素、蝦青素、葉黃素）。
- 類黃酮（黃豆萃取、薑黃素、水飛薊素）。
- 多酚類（綠茶素、石榴）。
- 內生性維生素 E、維生素 C、優比醌龍輔酶 Q10）。

至於常見的保養品抗發炎作用，則包含了蘆薈和銀杏。

三，換膚

大家或多或少都有聽過所謂的果酸換膚，AHA/BHA、杏仁酸等等。

果酸

顧名思義是從蔬菜水果、牛奶等天然食物提煉出來的酸性物質。果酸對於皮膚的表皮，可以促進角質代謝，降低黑色素細胞分泌黑色素。

果酸是水溶性，當濃度比較高的時候，就可以穿過表皮直達真皮層作用，透過刺激纖維母細胞而刺激膠原蛋白的增生，讓皮膚增厚。研究也指出，果酸同時有抗發炎和抗氧化作用，可以降低皮膚被紫外線的破壞。

果酸裡最為大家熟知的是甘醇酸（Glycolic acid），但其實還有很多不同類型的果酸，這包括了檸檬酸 citric acid、乳酸 lactic acid、蘋果酸 malic acid、杏仁酸 mandelic acid、酒石酸 tartaric acid 等。

大家常用的是甘醇酸和杏仁酸；甘醇酸的分子最小，比起杏仁酸來說，比較容易深入皮膚，所以

在皮膚科廣為被使用。至於杏仁酸則是因為分子較大，對於角質代謝效果沒那麼強，但是具有抗菌效果，所以比較常當作青春痘抗菌劑使用。

除了考慮果酸的分子大小，換膚的時候也必須要考慮到水溶性或是脂溶性、pH 酸鹼值、濃度和 pKa 結離常數。濃度並非越高越好，而是 pH 值決定效果。一般而言 pH 值和 pKa 值越低則代表越酸，作用就越強。當酸鹼度偏中性的時候，果酸可以作為皮膚吸水保濕劑使用。

酸鹼度越強則可以代謝表皮老化角質、祛痘，和作為淺層化學換膚劑的作用，對淡化黑斑可以達到一定的治療效果。高濃度比較有效，但也代表比較容易有灼傷的副作用，必須在醫師的監督下治療才安全。

水楊酸 BHA（Beta hydroxy acid）

水楊酸因為是脂溶性，所以只能夠停留在角質層，而因為脂溶性的特殊性比較能夠作用在皮脂腺，因此廣泛使用在治療青春痘。BHA 對於美白的效果其實有限，主要是透過去角質讓皮膚比較光滑透亮。

市售果酸保養品和醫療院所換膚的不同

政府對於保養品的規定，BHA 水楊酸必須在 2% 以下，而果酸則對 pH 酸鹼值規範必須要 pH ≧ 3.5，對濃度沒有限制，雖然大部分都 <30%。通常在美容院所或是保養品，會使用的都是偏向比較大分子的果酸，像是杏仁酸和乳酸，刺激性比較低，可以作為居家用的保濕保養品。至於醫療院所使用的果酸，通常會採用分子量比較低的甘醇酸，

或是濃度比較高 30-70%，pH 酸鹼值 < 3.5 的產品，可以達到比較好的療效，但是相對會有比較大的刺激性。

居家使用果酸保養品，第一次使用應該要盡量從低濃度果酸開始，逐漸增加到自己合適的濃度。盡量避開眼睛四周，皮膚如果處於發炎狀態不建議使用。因為果酸雖然可以幫助角質代謝，讓皮膚有提亮淡斑的效果，但是如果使用過於頻繁，或是保濕不當，反而會造成皮膚的傷害。

小麗是位 30 出頭，很注重健康的上班族，前陣子聽聞一些黑心保養品廠商的事，加上公司的同事們最近開始流行自製保養品，於是小麗就開始居家調配美白乳液。不幸的是，小麗在開始塗抹一周

後，臉部開始出現搔癢的症狀，甚至開始伴隨著小水泡的出現，到我的門診時，皮膚早已經佈滿了黃色結痂組織液，臉部皮膚幾乎全毀，被診斷為接觸性皮膚炎。

主要是因使用了不當的保養品，造成皮膚破壞發炎。自製保養品千萬要小心，因為對成分和配方拿捏不當反而會造成皮膚受傷，得不償失。事實上保養品是一門非常專門的學問，一般不建議居家自製 DIY，選擇信任的品牌，並且先使用試用包，確定不過敏之後再購買比較安全。皮膚科對於皮膚的保養觀念，通常是「少即是好」，降低過度保養造成的敏感性肌膚。

美白是個很大的市場，市面上充滿著形形色色的美白產品，但在追求美白之餘，必須先確保安全再來才是追求療效；對於目前很多宣稱療效的產品，都應該先抱持謹慎的態度。我一般對於黑斑的治療

也是秉持著，除非確定有足夠證據支持效果和安全，否則不輕易嘗試。更應該強調的反而是：追求皮膚的健康，再來才是漂亮的皮膚，而不是本末倒置。對於皮膚健康的最大照顧原則是在防曬和保濕，接下來的章節，會跟大家詳細說明該如何正確的保養，才能夠擁有健康的皮膚。

第三章

皮膚保養訣竅

防曬，皮膚科最強調的重要保養

　　大衛是在美國陽光加州長大的美國華僑，平常熱愛戶外運動，爬山騎單車。美國的文化較不會追求皮膚的白皙，反而覺得曬得皮膚黝黑比較時尚。大衛就和大多數美國人一樣，平常都不太防曬。今年暑假回來臺灣探親的時候，他發現右前臂出現一個新的黑痣，形狀看起來比較奇怪，而且在這半年內慢慢變大。在家人建議下到門診就醫，我用皮膚鏡檢查發現黑痣的型態不對，於是立刻安排了皮膚切片化驗，最後證實為黑色素瘤。

防曬，是皮膚科強調最重要的保養！

防曬的重要性，不僅是美容上預防黑斑老化的考量，更重要的是防曬可以預防皮膚癌的發生，尤其是黑色素瘤這種非常惡性高轉移的皮膚癌。

皮膚的破壞都是經年累月累積下來的，其中又以紫外線的破壞最為嚴重。皮膚在接受雷射除斑或是換膚等療程之後，也會處於比較敏感的狀態，如果不做好防曬，常常會有反黑的問題浮現。

防曬是維持皮膚健康最重要的事，不只減少黑斑形成，更可以預防皮膚癌；紫外線也是皮膚老化最重要的原因，無論黑斑或白斑患者都應該做好防曬。防曬最重要的是防紫外線，紫外線是太陽光的一種，簡稱 UV。UV 按照波長有短有長可以分為：

● UVC（＜280nm）

- UVB（280-320nm）
- UVA（320-400nm）

波長越短對皮膚傷害越大，其中 UVC 被大氣層隔離，幾乎無法到達地球表面，能夠到達地表的只有 UVB 和 UVA。 當我們大量曝曬陽光後，皮膚出現曬傷的刺痛變紅，是 UVB 破壞皮膚所造成的急性發炎。UVB 雖然穿透較淺層，但是對於皮膚細胞的 DNA 破壞最為嚴重，長久下來會容易誘發皮膚癌、皮膚腫瘤，以及黑斑的產生。當皮膚避免受到 UVB 照射時，會活化黑色素生成，保護皮膚避免受到 UVB 破壞。因此先天皮膚較黑的人，像是黑人會比亞洲人和白種人對紫外線的破壞更具有保護力。

UVA 的破壞相較 UVB 來得慢性，長期累積下來會變得不可逆。相較於 UVB，UVA 對於 DNA 的破壞較輕微，穿透較深層，主要是破壞真皮層的結締組織，如膠原蛋白、彈性蛋白等，長期下來會造

成皮膚皺紋、老化、鬆弛，同時也會造成皮膚曬黑、皮膚發炎等問題。

◎ 紫外線 UVA 和 UVB 對皮膚的傷害

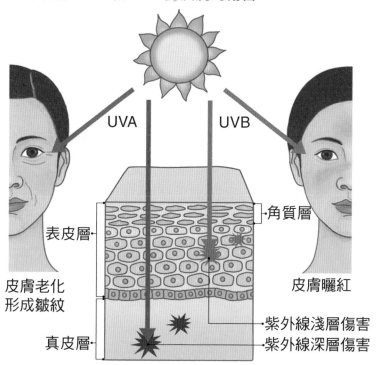

防曬產品的選擇

　　既然了解了防曬的重要性，便要了解究竟該如何做到正確的防曬。一般最容易隨手做到的防曬就是撐傘、戴帽子、戴墨鏡和穿防曬衣，盡量隔絕陽光紫外線直接接觸皮膚就是最好的方式。

　　再來也要學會如何挑選理想的防曬產品，一開始的防曬產品是為了因應在越戰時，預防白人士兵作戰曬傷而發展出來的產品；剛開始主要只在於預防 UVB 造成的曬傷。隨著時代進步，大家對於抗衰老、防止曬黑的要求日益增加，以及科學家對 UVA 皮膚破壞的研究，才漸漸發展出抗 UVA 的防曬產品。目前市面上的防曬產品來說，理想的防曬產品應兼具抗 UVA 和 UVB 的作用。

容易忽略紫外線的狀況

大多數人都是憑感覺來認定是否需要做保護，像是天氣越熱紫外線越強，但其實並不完全正確。紫外線是無形的，像出國去雪地滑雪的時候，容易因為忽略防曬而曬傷。這是因為雪地的表面會折射百分之八十的紫外線，即使是氣溫下降，但紫外線仍然強勁的狀況也不少見。以下幾種狀況是我們常常會忽略紫外線的狀況：

- 冬季天氣冷，但紫外線可能很高。

- 雲層無法阻擋UVA穿透，陰天也應該要保護。

- 海拔越高紫外線越強，每上升 1000 公尺，氣溫下降 4 度，紫外線增加 10%-12%。

- 游泳雖然是在水中，仍然有紫外線照射。

- 車窗玻璃雖貼隔熱貼紙，仍無法防護 UVA 的傷害。

UV 隔離只要夏天做就好了

從春末夏初開始，紫外線量逐漸增加，雲層雖然可以遮蔽紫外線 UVB 但無法防 UVA 的穿透。玻璃可以隔絕 UVB 穿透，但一樣無法隔絕 UVA 的穿透。所以就算在非夏季、陰天、室內，大家常容易忽視 UVA 對皮膚的傷害。

紫外線的氣象指標 UVI

紫外線是無形的，「憑感覺」去做防曬不客觀，因此目前比較客觀監測紫外線強度的方式，是透過公告的 UVI 數值來得知目前紫外線的強度。

UVI (Ultraviolet index) 是國際制定對於紫外線安全範圍的標準，UVI 是無形紫外線傷害的最佳指標，越高的數值表示潛在風險越高，應採取必要的皮膚和眼睛保護以預防紫外線傷害。UVI 的係數可

以更正確的量化外頭的紫外線，而不再只是憑感覺來做保護。

　　關於 UVI 的資訊可以在氣象局上看到。簡單來說，UVI 分成 11 級，以顏色區分為五級。如果今天是過量（紅色）或危險級（紫色）的紫外線，那就應該儘量待在室內，避免上午十點到下午四點的時候外出，倘若必須要出門就儘量用帽子、陽傘、墨鏡和防曬乳做保護。

選擇防曬產品三要點：

1、最重要的是「防曬係數」。

2、因季節和生活環境選擇。

3、依產品的質地選擇。

防曬產品最重要的是「防曬係數」

產品標示的 SPF (Sun Protection Factor) , 是針對 UVB 防護功能的國際標準，數值越高表示保護力越大。目前對於 UVA 的防護功能，不像 UVB 有國際制定標準，不同國家對於 UVA 的防護功能標示有所不同，這是因為 UVA 對於皮膚的破壞屬於慢性累積進行破壞，比較難建立國際公認的測量標準。

市面上較常看到的 PA（Protection Grade of UVA）和 PPD（Persistent Pigment Darkening），是代表防曬產品對 UVA 的保護力。PA 是日系產品較常使用的標示，PPD 則是歐美產品較常看到的標示。

◎ 防護指標 PA、PPD 的約略換算

PA	PPD	防護等級
+	2～4	屬於輕度防護
++	4～8	屬於中度防護
+++	8～16	屬於高度防護
++++	＞ 16	屬於進階防護

防曬產品的「完整度」和「均勻度」

近年來，除了 SPF 和 PA 標記外，消費者會發現很多產品開始標示「臨界波長」和「Boots star」。雖然這兩個在臺灣法律並沒有強制標示，但是這些標示主要可以彌補 SPF 和 PA 的不足。就算是同樣 SPF 50，PA+++ 的產品，用另外這兩種測試方式，差異還是可能很大，這會影響到防曬的效果。

「臨界波長」是美國防曬產品的指標，指的是讓防護力降低的波長，紫外線一般落在 290-400 的波長範圍，防曬產品的臨界波長越寬，就越具保護力。「Boots star」的發展主要是為了標示防曬的「均勻度」，從一顆星到五顆星，星星越多，代表 UVA 對 UVB 的保護比例更完整。除了 SPF 和 PA，選擇防曬產品時再考量「臨界波長」和「Boots star」會更完整。

因季節和生活環境做選擇

我們可以依照不同的環境，選擇不一樣的防曬係數產品，像是夏天陽光普照，紫外線曝露量較高，就選擇防曬係數較高的產品。相對如果是在辦公室工作，則採用較低係數的產品，但如果是

坐在窗邊的位置，最好選擇 UVA 保護力較高的產
品。

	一般防曬 （室內）	進階防曬 （戶外、醫美 療程後）
UVB 保護	SPF 30	SPF 50
UVA 歐美	PPD 8-16	PPD 8 > 16
UVA 日本	PA ++	PA +++ 以上
臨界波長	370	380
Boots star	3 顆星	4 顆星

依產品的質地選擇

防曬產品的選擇推陳出新，近年來還開始推出
了噴霧式和粉餅式的防曬產品。防曬產品的選擇必
須依照個人的膚質和情況做調整。美國 FDA 建議：

防曬產品的量應達到 2mg/cm^2，此外會建議每 2 小時再重新塗抹，而且也應該在流汗後，毛巾擦拭，洗澡或是游泳之後重新塗抹。產品質地的選擇建議：

乳霜 Cream

一般至乾燥膚質適合。

水劑 Lotion

比較適合大範圍塗抹，油性部位或是毛髮的部位。

膠狀 Gel

適合毛髮部位，像是頭皮或是胸口。

唇膏狀 Stick

使用在難塗抹的部位，像是眼睛周圍。

噴霧狀 Spray / 粉狀 Powder

粉狀和噴霧狀防曬產品比較容易快速塗抹,常用在不易配合的小朋友身上;但是比較不確定塗抹的使用量。在使用噴霧時,也必須確保不會吸入防曬產品。

防曬成分的分類

防曬產品根據防護紫外線的原理,分成化學性防曬和物理性防曬。

化學性防曬產品

成分(Chemical/Organic ultraviolet filters)會被皮膚吸收,作用在皮膚上吸收紫外線轉化成小量的熱能。塗抹起來會比較透明、舒服,但部分成分會對皮膚造成刺激性。這一類的成分包括了 Benzones、

Aminobenzoic acid、Salicylates 和 Cinnamates。

物理性防曬產品

不會被皮膚所吸收,主要利用其特性過濾或反射阻擋紫外線的穿透,就如同鏡子或鋁箔片反射光的原理一樣。物理性防曬產品對於皮膚刺激性比較低,不容易產生過敏,但是塗抹的時候比較會呈現粉狀,顏色比較白。常見的物理性防曬 (Inorganic/ physical ultraviolet filters) 產品包含二氧化鈦(Titanium dioxide)和氧化鋅(Zinc oxide)。無論是物理性或是化學性防曬都能夠保護皮膚不受到 UVA 或是 UVB 的傷害。

物理性和化學性防曬各有利弊,物理性防曬對於皮膚低刺激性是很好的選擇,也不容易造成皮膚

阻塞、痘痘的產生，但是最大的問題是塗抹時候會太白，如果要達到建議的量，往往就會變成藝妓一樣太白。

化學性防曬塗抹的時候，因為質地透明而比較舒服，但是因為化學性防曬可以被皮膚吸收，同時也一直都存在著可能影響到荷爾蒙的疑慮。

在挑選防曬產品的時候，除了要選擇正確的 SPF 和 PA/PPD 指數，也必須考慮到防曬產品的質地和成分。比方說，青春痘體質的人要到戶外活動時，建議選擇防曬產品的時候使用 SPF 50 以上保護紫外線 B 光，加上 PPD >16 或 PA +++ 保護紫外線 A 光。防曬產品的質地，則建議選擇膠狀或是粉狀質地的物理性防曬。因為物理性防曬不會被皮膚所吸收，只會停留在皮膚表層，比較不會造成毛孔阻塞或是過敏等問題；選擇膠狀或粉狀質地也是同理。

特殊狀況族群的防曬

　　防曬是皮膚保養最重要的步驟之一，有一些特殊族群對於紫外線的自我保護能力比較差，像是罹患白斑的病人、先天白化症，或是後天因為皮膚接受雷射治療、醫美療程之後。除此之外，近幾年開始流行口服防曬丸和奈米防曬等新穎的防曬方式，究竟這是廣告還是真的？

雷射後防曬

　　做過雷射，皮膚會在治療後的幾個月暫時變得比較脆弱敏感，必須注重防曬，以避免反黑的問題。如果是接受產生傷口的燒灼型雷射（ablative laser），在剛做完治療的數周傷口仍在時，應暫時避開所有防曬產品，而是採用撐傘、戴帽子，儘量待在室內直到傷口癒合。其他無傷口的雷射治療後，建議使用高係數的物理性防曬產品，因為對皮膚的刺激性較低。

白斑防曬

黑色素作用就是在保護我們不受紫外線的直接傷害，而白斑的病人正好就缺乏黑色素細胞的保護，因此更應該要做好防曬。尤其是部分白斑的病人，在接受照光治療、準分子光或雷射的治療之後，接觸外面陽光的時候必須要做好防曬，否則容易產生曬傷的問題，反而讓病情惡化。

口服防曬丸

小花在網路上看到了一則關於口服防曬的廣

告，宣稱只要吃了就不怕曬傷，也可以維持皮膚的白皙。於是小花很興奮的就跟著團購了相關產品。她和朋友去泰國海灘遊玩的時候，只吃了這個宣稱有防曬效果的口服產品，而忽略了塗抹防曬或是撐傘防曬，結果曬傷了。帶著口服防曬產品的數據，小花到門診問我：「我吃了在網站上團購美國原裝進口的口服防曬產品，結果還是全身發紅脫皮。可是看這個網站公開的數據，不是說有效嗎？」口服防曬丸是這幾年很火紅的議題，從美容雜誌到網紅代言，帶動了這股團購的熱潮。在門診不乏因為誤信廣告宣稱，結果曬傷的病人。

　　這些防曬丸的主成分，大多數都是抗氧化劑，對於皮膚的防曬並沒有任何作用。但是因為太多人誤信廣告宣稱，服用後沒做好基礎防曬，反而造成

了曬傷的問題。因此美國食品藥物管理局（FDA）針對這些誤導民眾的產品，是發出了警告的。

奈米顆粒防曬產品

　　為了克服物理性防曬塗抹時太白的問題，並且增加防曬的能力，而發展出了奈米顆粒級的物理性防曬產品。但也因為奈米級的大小，讓醫學界擔心是否會因此穿透皮膚吸收，進人體造成傷害。由近幾年的研究看起來，奈米級二氧化鈦和氧化鋅看起來是安全的，研究顯示並無法穿透到表皮或是造成皮膚毒性。而且因為奈米的特性，克服了塗抹物理性防曬太白的缺點，反而讓民眾使用物理性防曬的意願大增，降低皮膚癌發生率。

常見的錯誤保養
過度清潔、卸妝

　　正確的皮膚保養，除了防曬之外，另一個很重要的是「皮膚屏障」的建立。皮膚屏障是身體面對外界最重要的一個天然保護層，是由皮膚表皮最外層的角質層所組成，構造就好比磚牆一樣，形成一層保護。

覆蓋角質層的皮脂膜

　　皮脂膜連接著角質細胞和皮膚細胞間，皮脂膜富含油脂，主要由皮脂線分泌的皮脂及角質層細胞崩解產生的脂質、汗線分泌的汗液乳化形成。健康人的表皮 pH 值呈現弱酸性 4.5-6.0。而角質層的細

胞就好比磚塊一樣，我們人體的角質層大部分是由大約 20 層大小不一的角質細胞所組成。這些磚塊裡富含了聚絲蛋白 filaggrin 和天然保濕因子，像是神經醯胺 ceramide 等等。 這些磚塊和水泥，形成人體對外的第一線保護。

　　正常的肌膚紋路是比較平整的，可以在變化不定的外界環境中保持皮膚水分，抵禦外界有害物質侵入，也防止體內水分蒸發，電解質流失。但是一旦表皮的保護屏障受損，角質層紊亂，外界刺激就能夠長驅直入，刺激底下的皮膚產生免疫發炎反應，造成皮膚搔癢、紅腫，甚至造成感染。皮膚在發炎的時候，容易刺激底下的黑色素細胞分泌黑色素，進一步造成色素沉澱，皮膚變黑。因此不平整的皮膚表面，看起來也會比較暗沉，失去光澤。

◎ 健康的皮膚 vs. 受損的皮膚

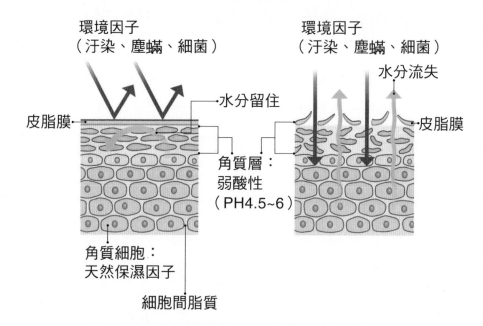

環境因子
（汙染、塵蟎、細菌）

環境因子
（汙染、塵蟎、細菌）

水分流失

水分留住

皮脂膜

角質層：
弱酸性
（PH4.5~6）

皮脂膜

角質細胞：
天然保濕因子

細胞間脂質

　　小麗是愛漂亮女生，不知為什麼最近皮膚一直
泛紅和輕微搔癢，忍不住去抓一下，開始出現皮膚
暗沉的情形。

　　「我都很注重保養，每天都會使用化妝水，敷

美白面膜，也很勤勞的塗果酸，為什麼我的皮膚卻越來越黑，看起來好像包青天？」小麗很不服氣她明明就花了很多的精神努力保養，錢也投資不少，成效卻與預期落差不小。

　　雖然小麗看似很勤勞的在保護皮膚，但過度和不當保養反而造成皮膚屏障的破壞，進而導致敏感肌，得不償失。正確的皮膚保養應該「從簡」，正確的方法比繁複的保養程序來得安全。

過度清潔、卸妝

　　很多人誤以為使用溫熱的水，可以打開毛細孔，因此清潔得比較乾淨；殊不知這是錯誤觀念！

　　過熱的水，其實會造成皮膚表面的天然保護油脂大量流失，反而造成皮膚屏障的受損。如果是習慣化妝的人，可使用卸妝乳卸妝，但是務必要確定也要把卸妝乳清洗乾淨，而罹患痘痘的朋友，儘量

避開卸妝油。卸妝的過程應該輕輕搓揉就好，而不是大力的摩擦皮膚。

　　門診常有病人問：「使用手工皂，是不是真的比較保養？」有一些民眾真的特別喜歡追求「手工、純天然植物萃取」。但這種觀念是不正確的，只要經過萃取、提煉，製程就不天然。盲目的覺得「天然的熊好（台語）」其實是一種迷思。

　　因為天然的東西也可能破壞皮膚屏障，而手工皂在製成過程如果沒有經過嚴格的程序管控，反而會造成保存上的問題，或是刺激皮膚。手工皂裡的皂鹼是高鹼性物質，容易破壞表皮的皮脂膜和酸鹼平衡。比較好的清潔產品，應該使用溫和低敏，儘量貼近皮膚 pH（弱酸性 4.5-6）的產品，避免過熱的水，才能夠避免清潔過度，破壞了皮膚的保護層。

過度盲目的去角質

很多美妝廣告都會提倡：

「去角質」皮膚才會光滑亮麗！

去角質，輕鬆從「月球表面蛻變成水煮蛋肌」！

適度的去角質的確可以達到去除粉刺、美白、皮膚光滑的好處，但是過度盲目的去角質，反而會造成皮膚屏障的破壞，變成敏感肌。皮膚敏感，失去了保護力，容易動不動就發炎，久而久之反而皮膚變得更為粗糙黯沉。而且敏感肌一旦出現，很難恢復正常，需要經過長時間小心調養才會恢復。

去角質後雖然隔天看起來皮膚會比較光亮，但不能夠過於頻繁。居家使用的低濃度果酸換膚，頻率約一周一次，最好不要天天使用，一旦出現不適

就應該停止。醫療果酸療程為了治療青春痘去除粉刺，一般而言濃度比較高，必須在皮膚科醫師的監督下使用，而且頻率也是 2-4 周一次，讓肌膚有足夠的修復時間，才能夠達到效果。

　　儘量避免過度使用洗臉機或是習慣用洗臉海綿／刷，來大力搓揉皮膚。去角質後，更應該要注意保濕和防曬，讓皮膚能夠修復。

　　總之，皮膚保養應該由繁入簡，正確的保養，比使用高昂的保養品來得重要。雖然市面上廣告都會宣導「去角質」，但是角質其實是形成我們皮膚屏障最重要的保護層。適度的去角質，對於粉刺代謝和皮膚光滑有幫助，但過度去角質就會造成皮膚傷害，形成敏感肌。

乳液是皮膚屏障的好朋友

　　每個人天生都有特定的皮膚屏障保護能力，也就是皮膚先天的體質。像是異位性皮膚炎的人，因為聚絲蛋白 Filaggrin 基因缺乏等因素，天生的皮膚屏障比較脆弱，因此缺乏對外在的保護，容易反覆發炎感染；或是有些人先天有過敏體質，這時候皮膚屏障如果不健康，也容易誘發濕疹發作。「體質」是與生俱來的，我們無法改變，但是我們可以運用保養品來後天補強。修復皮膚屏障最重要的好朋友，就是乳液。

乳液的選擇

　　罹患皮膚炎的病人，每次到皮膚科門診，都會聽到皮膚科醫師宣導要「塗乳液」保養。但病人很常反問：「我知道要塗乳液，但是究竟要選擇哪一種

呢？」

　　由於門診時間比較短，很難鉅細靡遺的說清楚。乳液的選擇其實也是一門學問，乳液使用得當，是我們的好朋友，可以輔助我們皮膚屏障的修復。但是如果選擇了不正確的乳液，也可能造成痘痘、過敏，或是皮膚發炎。

　　使用乳液的正確時機，應該是擦乾後皮膚上還有一點微濕的狀況下，抹乳液可以達到保濕鎖水的作用。但如果是異位性皮膚炎的患者，因為皮膚隨時都處在乾燥的狀況，皮膚屏障受損的情形下，因此乳液塗抹的頻率更需要每天搽 4-6 次以上。化妝水在使用之後，如果不及時塗抹乳液，反而會造成更多水分經皮膚散失到環境中，反而更乾燥。

封閉性保濕劑乳液

　　乳液的保濕成分基本上分成兩大類，主要修復皮膚的「皮質層」和「保濕因子」。 其中一類屬於封閉性保濕劑 Occlusive，主要用來鎖水，類似皮質層的作用，在角質層形成疏水的薄膜，把水分鎖在皮膚裡。這類型的保濕劑大都比較油和厚重，包括了大家常聽到的凡士林、礦物油、羊毛脂、角鯊烯等等。

潤濕性保濕劑乳液

　　潤濕性保濕劑 Humectant，可以補充吸引角質間的水分，常見的成分包括玻尿酸、尿素、甘油、丙二醇、維他命 B5 等等。如果單純使用保濕劑，而未同時用封閉性保濕劑鎖水，容易造成水分散失。單純使用化妝水而不用乳液，反而會讓皮膚容

易變得乾燥，不是塗起來水水就好，如果不加以鎖水，會把皮膚的水分散發掉。

正確保濕應兼具「保濕」和「鎖水」功能

敏感性肌膚的病人，最好避開使用含有酒精的化妝水，或是具有香精或是 paraben 成分的乳液。讀者朋友發現了嗎？與其去買昂貴的保養品，還不如學習正確的保濕原理和方法，才不會落得花大錢卻還傷害皮膚的狀況。

乳液在皮膚的保養和治療是很重要的一環，尤其是皮膚在發炎受傷之後。就算是痘痘肌膚，在治療痘痘的時候容易出現外油內乾，因此更需慎選適合的乳液。接受雷射治療或是果酸換膚之後，必須要加強保濕，加速皮膚的修復，才不會因為皮膚發

炎出現色素沉澱等問題。

　　倘若皮膚屏障不夠健康，容易出現乾燥脫皮、皮膚敏感、長期發炎，進而造成色素沉澱和皮膚老化等麻煩的問題。

從日常生活中養顏美肌

　　診間常被病人問到：「黃醫師，我是不是吃太多醬油，才會產生這種黑斑？」或是即興 QA：「我的朋友介紹我吃這個 XX 食品、XXX 營養素，說對我的皮膚白斑有幫助，請醫師幫我看看這些到底有沒有用？」究竟哪些東西對皮膚的保養有幫助？哪些又是無稽之談？到底該如何從日常生活中落實養顏美肌？

　　生活在物質豐裕的現代社會，如果「飲食攝取均衡」，很少會出現嚴重營養不夠的問題。少部分人或因宗教等不同因素，對飲食有特殊選擇，或是特別偏食，身體無法吸收的人，才會出現營養不均的

皮膚疾病。像是前面提到的純素食患者，會因為缺乏維他命 B12，而造成皮膚膚色變黑的情形，或是因為甲狀腺低下，造成皮膚胡蘿蔔素堆積，皮膚蠟黃。

由於速食文化越來越普及，像是便利商店的微波食品以及速食店餐飲，想吃的東西都不難吃得到，每餐都吃得很飽，但如果仔細詢問，不難發現雖然吃得很飽，並沒有達到基本的飲食均衡，不少發育中的孩子、大朋友，特愛吃炸雞薯條，卡路里超標，卻營養失調。

有些人為了瘦身，只吃蔬菜水果為主，不碰葷腥，缺乏了蛋白質和碳水化合物，皮膚當然就會暗沈缺乏彈性。飲食裡最重要的三大營養素：碳水化合物、脂質、蛋白質是我們人體活動不可或缺的物質，也是皮膚組織的原料，過與不及都不行。

皮膚糖化會造成肌膚皺紋、暗沉、老化

很多減重人士，會強調減少碳水化合物的攝取，但碳水化合物是我們身體能量的來源，如果攝取不足會造成疲勞。但是過多的攝取，尤其是精製糖容易造成痘痘的產生，皮膚糖化也會造成肌膚皺紋、暗沉和老化。

碳水化合物的來源是源自米飯、麵包，麵食類，標準量是一碗約 240 大卡，選擇不會讓血糖快速上升的多穀米為佳，分散在早中晚吃。如果要減重的人，晚上可以少吃一些，但不能夠完全不吃。

三大元素的第二類，蛋白質是打造身體與皮膚的基石，與蛋白質和酵素、荷爾蒙、DNA 的形成有關。人體的蛋白質是由 20 多種胺基酸所合成，但有9 種是人體無法自己合成的胺基酸，必須透過食物攝取。如果蛋白質攝取不足，皮膚容易會有皺紋和

鬆弛，也會比較暗沉。蛋白質是構成皮膚天然保濕因子的原料，進而保護肌膚的含水量。此外，預防黑色素生成的「半胱氨酸」，是胺基酸的一種。

　　脂質是構成我們皮膚皮脂膜和荷爾蒙製造的原料之一；其中脂質的膽固醇和磷脂，可以促進抗氧化能力強的維生素吸收，預防老化，也與肌膚和頭髮的光澤有關。過量攝取當然會造成肥胖和代謝症候群，但攝取不足，會造成皮膚老化，失去光澤、乾燥等。

　　脂質的攝取可以多攝取富含 Omega-3 的來源，像是亞麻仁油、紫蘇油，能夠抑制皮膚和身體發炎，淋在沙拉中可以提高對於蔬菜的維生素和抗氧化成分攝取。

感光性食物

利用食物達到美白的效果有限，為追求美白而「以色補色」、「以形補形」的方式更是無稽之談。想要美白還是必須要多塗防曬乳，透過衣物、戴帽子來達到防曬比較實在。大部分和皮膚色素相關的皮膚疾病，都不是因為飲食攝取而造成的。但如果有「光過敏的體質」，再加上大量攝取，且長時間暴露在陽光下，的確有可能會因為皮膚產生發炎反應導致後續皮膚變黑和黑斑的形成。

常見的感光性食物包括了：檸檬、無花果、香菜、九層塔……比較常見的狀況反而是因為長時間服用大量的胡蘿蔔造成皮膚變黃。曾有患者誤以為檸檬富含維生素 C 可以美白，因此就用來敷在臉上的黑斑，結果越敷越黑，這是因為檸檬有光毒性，在接觸到陽光紫外線後，會產生發炎，色素沉澱。

千萬不要發揮創意，用感光性食物來敷臉，以免發生曬黑曬傷的慘況，嚴重的時候還有可能因為光毒性而起水泡，疼痛不堪。

抗氧化食物，是為了對抗「自由基」

近年來開始流行提倡抗氧化食物。你知道嗎？抗氧化食物事實上是為了要對抗「自由基」。自由基是人體新陳代謝的產物，因為它的不穩定，容易破壞周遭物質。在正常的情況下，當身體遇到病菌侵入，免疫細胞會產生自由基去破壞這些外來物，保護身體。但是外在環境如紫外線、空氣污染、農藥、輻射，或是內在壓力，生活作息不正常時，身體會產生過多的自由基，遠超過身體自然的抵禦能力，這時就會破壞周遭的組織，造成身體和皮膚的

損傷、破壞和老化。

　　這就是為什麼近幾年來，開始強調多攝取抗氧化食物的原因；尤其在與自體免疫相關的白癜風白斑，因為失調的免疫細胞會透過自由基破壞攻擊黑色素細胞，在這些病人身上會強調抗氧化劑的使用。另外有一群病人，因為先天皮膚比較白皙脆弱，對紫外線缺乏保護能力而容易產生皮膚癌。為了預防皮膚癌的發生，研究發現補充抗氧化食物，是可以預防後續皮膚癌的發生。

　　既然自由基會造成這麼多的破壞，身體是不是存在哪些抗衡它的物質？的確，人體本來就有自然的抗氧化物質，保護我們不受到自由基的破壞。但這些抗氧化酶的運作需要仰賴一些礦物質，像是鋅、銅、硒和鐵。但是必須注意這些礦物質不能夠攝取過度，否則反而會有中毒的風險。從食物上可取得的這些礦物質，普遍存在於海產類、肉類、

蛋、蒜和蔥裡。其他具有抗氧化作用的食物包含了維生素 C 和 E、胡蘿蔔素，和各類的蔬菜水果類；近期研究顯示，維生素 B3 也具有皮膚抗癌的功效。

維生素食物

維生素是很重要的「輔酶」，對於皮膚的健康和美容是不可或缺的。維生素又可以分成「水溶性」維生素，如維生素 B、維生素 C；和「脂溶性」維生素，如維生素 A、D、E、K。脂溶性維生素和油脂一起攝取，能夠提高吸收率，但如果攝取過量會堆積在體內，無法像水溶性維生素一樣容易排出。所以營養補充品的攝取，都必須秉持著過猶不及的觀念，太少太多都不好。

每種維生素對皮膚各有不同功效

維生素 A

對於皮膚角質的代謝有很大的幫助，維生素 A
缺乏容易因為角質代謝不佳而產生毛孔角質化、皮
膚乾燥、頭髮脆弱，以及夜盲症。皮膚科有不少藥
物的發明是源自於維生素 A 的結構，像治療痘痘的
口服或是藥膏的 A 酸，用來促進表皮角質代謝，減
少油脂分泌；或是治療乾癬的口服 A 酸；對抗表皮
皺紋和光老化的保養品「視黃醇」。適量的維生素
A，可以幫助老舊角質代謝，幫助對抗皮膚老化等
好處，但過量攝取還是會造成身體的負擔。維生素
A 的來源包括了橘黃色食物，諸如胡蘿蔔、魚肉、
肝臟類食物。

維生素 B

總共分成 8 種類型，對於皮膚的維護有很大的幫助，維生素 B 是屬於水溶性維生素，無法儲存在體內，因此適量的攝取很重要。維生素 B 的缺乏，大家最熟悉應該就是造成嘴角炎，也會造成皮膚的發炎紅腫、光敏感、落髮、乾燥、脂漏性皮膚炎的表現。

維生素 B12 缺乏容易造成皮膚變得暗沉無光和貧血，比較常會發生在純素食的人身上。雖然維生素 B 有許多好處，但是在嚴重青春痘的病患身上，過量的維生素 B 是有可能誘發痘痘的產生。維生素 B 尤其是 B12 的來源大部分是來自肉食和豆類，如納豆、豬肉、肝臟、發芽米等。

維生素 C

常被稱為是皮膚的「美容維生素」，因為維生素
C 具有高抗氧化作用，可以減緩破壞、預防斑點；
維生素 C 對於膠原蛋白的合成和免疫力也有幫助，
因此常被使用在皮膚美白回春。但是如果有草酸鈣
結石的患者，必須要小心服用，避免造成結石的生
成。維生素 C 的來源大部分來自水果類，如柳橙、
檸檬、奇異果、芭樂等。

維生素 D 的攝取，大部分必須透過太陽作用

維生素 D 在皮膚的作用比 較少被提及，但近年
來一些研究發現，維生素 D 除了對骨骼有幫助外，
對於皮膚復原大有影響，能作用在調養過敏性體
質。但維生素 D 的攝取大部分必須透過太陽作用在
皮膚生成。看到這裡，或許會有讀者產生疑問，不

是說要做好做足防曬嗎？會不會維生素 D 缺乏呢？
的確，醫界也針對這個問題周旋了很久。

　　為了預防紫外線對皮膚造成的皮膚癌，皮膚科
醫師強調嚴格的防曬，但是如果完全不暴露在陽光
下，反而會造成維生素 D 的缺乏。因此建議：

儘量避開上午 10 點到下午 4 點的陽光，一周可
以有 3 天曬傍晚的陽光約 15 分鐘，來補充維生素
D。曬的時候別把自己包得密不透氣，這樣肌膚一
樣接受不到陽光，起碼讓四肢手腳能在陽光下活動
活動。

　　攝取維生素 D 固然重要，但適可而止就好，要
避免曬傷，避免產生皮膚癌，否則得不償失。維生
素 D 和鈣的食物來源包括了雞蛋、牛奶、香菇、鮭

魚等。

維生素 E

是人體很強的抗氧化劑，可以減緩皮膚老化的自由基，促進血液循環和調整荷爾蒙分泌。而富含維生素 E 的食物來源包含了南瓜，鱈魚子，酪梨等食物。

簡而言之，維生素對於皮膚的養顏美肌有很大幫助。但是凡事「過猶不及」，太多太少都不好。脂溶性的維生素 A、D、E，必須搭配油才能夠增加吸收；水溶性的維生素 B、C，在高溫加熱的時可能被破壞。因此像服用生菜沙拉的時候，不妨考慮加一些橄欖油或亞麻仁油來促進維生素的吸收；並搭配一些蛋白質、蛋、肉類和適度的碳水化合物，如麵包丁，這樣才能夠兼顧營養均衡。

健康食品活化免疫系統，不利於白斑

　　與自體免疫疾病相關的白斑、白癜風病患，常常會問：「白斑既然和免疫有關，是不是可以吃一些補藥來提高免疫力？」或是：「有朋友強力推薦這款健康食品，說可以提高免疫力。」

　　每次在講解的時候，都必須再三強調這類型的白斑是因為免疫系統「失衡」，不該攻擊自己的免疫細胞攻擊到自己的黑色素細胞。免疫系統很重要的其實是講求「平衡」，不會因為過度活化而去攻擊自己；或是該反應的時候不反應、造成感染。從西醫的角度來看，使用免疫調節劑，主要在控制反應過度，把自己攻擊自己的免疫細胞給調整回來，而不是用健康食品或是中草藥去增加免疫力，反而導致更加的失衡，造成白斑的擴散。

　　隨著我們對白斑的機制的了解，未來的生物製

劑或是小分子藥物，能夠更專一性的抑制這些「錯
亂」的免疫細胞，回到平衡的狀態。這光靠食療或
是健康食品補充，是無法做到的。此外，盲目的聽
信長期使用可以「活化免疫」的健康食品，也是不
正確的迷思。

第四章
白斑不只是美醜問題

白斑和黑斑一樣需受到重視

　　皮膚色素問題，除了常見的黑斑外，另外一個常見的就是白斑。有趣的是，我們的色素細胞不一定會乖乖聽話，當過度治療黑斑，有時候反而會衍生出白斑的問題。這樣的現象，偶爾會在經常接受除斑雷射，或是使用不當美白產品的病人身上看見。而相較於黑斑，大部分人對於白斑都比較不重視，認為只是不漂亮而已。但相較於黑斑，快速擴散的白斑在很多時候更需要受到重視，因為白斑裡有一大宗是屬於自體免疫型白斑，身上的白斑可能透露著體內健康的訊號。

　　32 歲的大明，因臉上出現了兩塊大小不一的白

斑前來門診就醫。他緊張的陳述:「一開始不以為意，以為是汗斑，不去理會。但幾個月過去了，白斑的範圍越來越大，而且還發現自己開始出現體重減輕和雙手顫抖。」經門診檢查，確診為白癜風型的白斑，進一步抽血檢查，發現大明合併甲狀腺亢進。

　　很多病人和非皮膚科醫師，對於白斑有很大的誤解，以為只要出現白斑，就一定是聞之色變、快速擴散的不治之症「白癜風」。事實上，白斑就和黑斑一樣常見，而且也有非常多疾病會長得像白斑。比如汗斑、感染性白斑、化學與雷射後白斑、慢性砷中毒、皮膚淋巴瘤等。

兩種不同類型白斑可同時並存
導致診斷治療複雜，用藥要更小心

　　一位病人陳阿姨，被診斷出白斑之後，就一直

在長期服用類固醇做控制，一開始臉上的白斑的確受到控制，恢復了正常的顏色，但是手和腳的點狀白斑一直不退，而且越來越多。陳阿姨到門診時，我發現她除了使用類固醇之外，同時還使用了其他免疫調節劑在控制。但事實上經檢查發現，陳阿姨臉上和手腳上的白斑，是屬於兩種不同類型的白斑，一個是和自體免疫相關的白癜風，手腳的則是和老化有關的雨滴狀色素脫失。而類固醇和免疫調節劑，只對白癜風有效。

　　白斑的診斷和治療比黑斑更複雜，常常需要搭配詳細問診，各種儀器輔助，配合抽血和皮膚切片，才有辦法得到完整的診斷，對症下藥。以白斑的大宗白癜風來說，還要區分是否和自體免疫相關，是否影響身體其他地方，屬於急性期或穩定期，不同情況所使用的治療方法是截然不同的。

只有急性期，而且是與自體免疫相關的白斑，才需要投以免疫調節劑；對於穩定期或是其他因素造成的白斑，則需投以其他治療方式。

以目前的醫療技術來說，並不存在一種治療方式，可以治療所有的白斑，往往都需要採用複合式治療，才有辦法達到比較好的效果。白斑的治療，提倡早期發現早期治療，在黑色素細胞尚未被完全破壞前，治療預後最佳。

不同白斑所形成的
機轉不一樣

　　白斑的形成和表皮黑色素細胞的數量，以及黑色素細胞的分泌有關，不同白斑所形成的機轉都不一樣。簡單歸納 4 大類白斑形成的原因：

簡單歸納 4 大類白斑形成的原因：

一、黑色素細胞分泌的黑色素不足。

二、黑色素細胞消失。

三、局部血管異常反應而造成的「偽」白斑。

四、自體免疫疾病形成皮膚構造受損、纖維化，而產生的白斑。

◎ 黑色素細胞分泌的黑色素不足，如汗斑、白色糠
　疹、脫色斑等

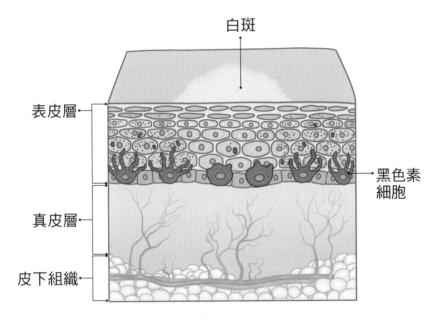

白斑

表皮層

黑色素
細胞

真皮層

皮下組織

◎ 黑色素細胞消失，如白癜風

白斑

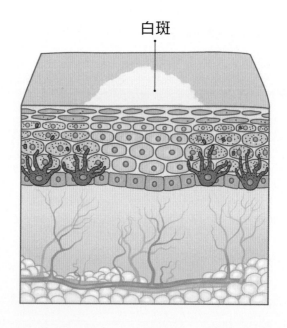

◎ 因為局部血管異常反應而造成的「偽」白斑，如
　生理性畢爾斑（Bier spot）、貧血斑

白斑

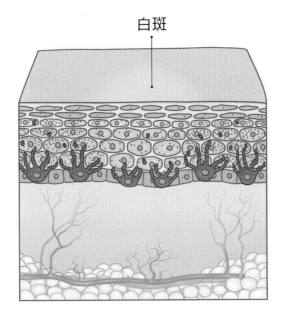

◎ 自體免疫疾病形成皮膚構造受損、纖維化，而產生的白斑，如硬皮症、紅斑性狼瘡

白斑

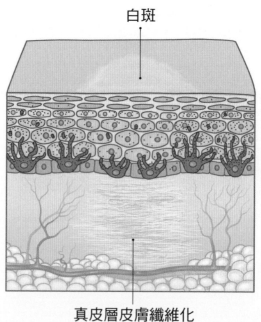

真皮層皮膚纖維化

　　這四種原因，都會造成臨床上我們看到皮膚變白的結果。臨床判斷，還會進一步去探討造成這些結果的「因」是什麼。打個比方，白癜風的病灶是因為黑色素細胞受到失衡的免疫細胞攻擊而消失；而雨滴狀色素脫失則是因為先天基因遺傳、紫外線的光老化造成黑色素細胞部分消失。唯有進一步去探討疾病的源頭，才能夠達到完整的疾病控制。

　　好比漏水的房子，應該要去抓漏而不是在底下一直接水。白斑的治療也一樣，必須找出源頭根本的原因，倘若是因為免疫失調所導致，那就必須使用免疫調節劑控制，才能夠預防後續形成白斑，而不是純粹採用手術移植黑色素去修補白斑。但更多時候，治療往往是需要雙邊同時兼顧，同時治療源頭和已經造成的破壞。

各種類型的白斑與診斷

　　林媽媽帶著她 7 歲剛上小學的女兒到門診，一進來就很緊張的問：「黃醫師妳快看看我女兒臉上的白斑，她上上禮拜去運動會回來，我就發現她臉上出現一塊塊的白斑，而且越來越明顯。我查網路，會不會是那個白癜風啊？聽說很難醫治？」

　　門診偶爾都會遇到這樣的病患，因為在陽光曝曬之後皮膚變黑，造成原本可能就存在的白斑變得比較明顯。以下和大家了解一些臨床上比較常見的白斑，大部分屬於生理現象。

白色糠疹（Pityriasis alba）

　　白色糠疹是門診最常見的白斑之一，以我們亞洲人來說，通常都是因為陽光曝曬之後皮膚變黑，造成原本的白斑變得比較明顯而發現的。

　　白色糠疹大部分發生在小孩和少年時期，通常沒什麼症狀，出現一個或多個 1-2 公分大的淡粉紅色斑塊，隨著時間會慢慢變淡變白，表面可能覆蓋著白色粉狀的細屑，脫屑後會變成持續數個月、甚至到數年的白色扁平色塊。

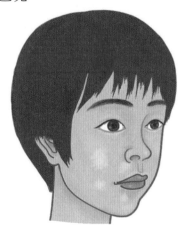

白色糠疹大多會發生在臉頰上，有時也會出現在脖子、肩膀、手臂，而其他位置則相對較少見。研究發現白色糠疹比較好發在有異位性皮膚炎的小朋友身上。

治療白色糠疹的病灶，一般會使用低強度類固醇藥膏治療，減緩皮膚的發炎，再配合皮膚的防曬和乳液塗抹讓皮膚修復。大部分的病灶就算不治療，也會幾個月後漸漸緩解。

畢爾氏斑（Bier spot）

畢爾氏斑是很有趣的生理現象，又稱為「生理性貧血斑」。常見於年輕人，會在手腳上出現一塊塊邊界不清且不規則，細碎微小的白色斑點。有趣的是，這些白斑在肢體抬高和按壓病灶的時候會消

失，是因為畢爾氏斑的形成和局部血管收縮有關，
表皮血管比較敏感容易收縮，產生局部的白斑。

　　畢爾氏斑 (Bier spot) 和貧血痣一樣，可以利用玻
片壓診檢查，這時候白斑會消失；可以和黑色素造
成的白斑做出鑑別。

雨滴狀色素脫失
（Idiopathic guttate hypomelanosis）

　　雨滴狀色素脫失的命名，正是因為白斑的形狀
有如水滴般，大小不一的乳白色點狀斑，散佈在暴
露於外的部位，像是手腳前側、胸口上方和臉頰兩
側。雨滴狀色素脫失的形成和家族遺傳、皮膚老化
和陽光曝曬造成紫外線的破壞有關；一般只會造成
美觀上的困擾。但是必須要跟急性免疫型的白癜風
做區分，因為這時候的白斑也會呈現天女散花狀，
廣泛散佈在皮膚各個區域，如果不及時控制就有可

能演變成斑塊狀大面積白斑。

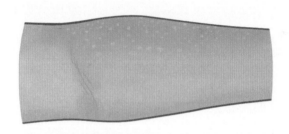

進行性斑樣減退症（PMH）

　　進行性斑樣減退症，是滿常見的白斑。臨床上呈現很多大小不一，淡白色圓形的平滑斑點，大多數出現在身體和下背部，少數會延伸到脖子和四肢。

　　與汗斑不一樣的是，PMH 的表面光滑沒有皮屑形成，不會伴隨著發炎反應，更不具傳染性。造成的原因不明，目前認為可能和體質、遺傳和毛囊裡和表皮的痤瘡桿菌有關，會造成黑色素細胞的分泌減少。

與感染相關的白斑

張同學唸高二，平常的休閒就是和朋友打籃球。最近這兩個禮拜洗澡時發現背部、胸口出現了大小不一的淡白色斑點，仔細觀察，上面都有一些小小的皮屑。張媽媽緊張的帶他來看門診，經過刮皮檢查，確診為黴菌感染的汗斑。

汗斑 / 花斑癬 (Tinea versicolor)

汗斑是一種很常見、慢性、容易反覆發作的疾病，主要是因為黴菌所造成的皮膚感染。尤其在高溫、潮濕、多汗的情況下，皮膚上的皮屑芽胞菌、黴菌在體表滋生，造成汗斑。汗斑的臨床表現，可

以觀察到一些淡粉紅至白色，大小不一的斑點，上面覆蓋著微小的皮屑。好發於上半身，例如前胸、後背、上臂、頸部，甚至臉部。

少數的病人是因為罹患糖尿病、服用口服避孕藥、免疫力不佳，或是使用太油的產品而產生。如

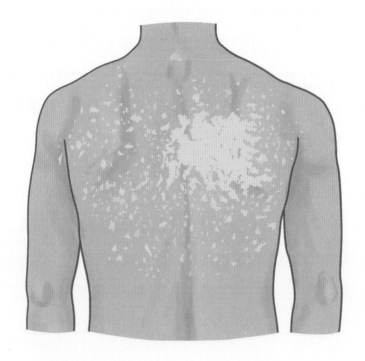

果太過於廣泛（包含下肢或是臉部）都受到影響，
就必須要小心是不是有免疫不全疾病。

　　汗斑治療主要是抗黴菌藥物（azole）和含鋅（zinc
pyrithione）洗劑。偶爾大面積感染的病人，會需要
使用口服抗黴菌藥物。因為汗斑很容易復發，因此
保持皮膚乾爽對汗斑的預防非常重要，比如打完籃
球流汗應該要馬上更換乾淨的衣服，多穿有助於排
汗的棉質衣外，也可以搭配每周一次的抗黴菌洗劑
來控制。

痲瘋病（Leprosy）

　　痲瘋病又稱「癩病」或「韓森氏病」，是一種因
為受到癩桿菌感染的疾病；目前在臺灣已經絕跡，
大部分都是境外移入的病人。其中發病早期有些人
會出現白色斑塊，伴隨病灶，皮膚感覺缺失麻痺的
情形。這是因為癩桿菌會影響到皮膚和神經，而且

可以透過接觸傳染。因為具有傳染性，必須及早通
報和投藥。

突發性白斑（Eruptive hypomelanosis）

　　突發性白斑是近幾年來才被發現的疾病，主要
和病毒感染有關，大部分好發在小朋友身上。白斑
發生前常常會伴隨著感冒的症狀。特徵是會在感冒
後的一到兩周內，在手腳出現對稱性，大小均一，
邊緣清楚的白斑。大部分病人在塗抹低強度類固醇
藥膏，加上適當的保濕會在兩周內恢復。

梅毒性白斑（Leucoderma syphiliticum）

　　梅毒感染，在醫學上被稱為「最大的模仿者」，
是因為梅毒感染的皮膚表現各型各樣，常常會模仿
其他皮膚疾病的表現。梅毒性白斑算是比較少見的
變化，早期的梅毒通常會在生殖器出現無痛的潰

瘍，常常會被忽略。接著在第 6-8 周開始進入第二期梅毒感染，這時候大部分的病人會在皮膚和手腳出現發炎性紅疹，而少部分的病人會在發炎後出現白斑。因為具有傳染性，所以感染梅毒的病人必須要積極治療。

先天型白斑

　　小寶寶剛出生不久，媽媽就在左肩後方發現一個淺色白斑，媽媽很緊張的帶著小寶貝到門診來就醫，用伍氏燈仔細檢查發現是脫色素性痣。

脫色素性痣（Nevus depigmentosus）

　　脫色素性痣就像胎記一樣，常常在出生不久，小嬰兒身上即有局限性淺色斑，邊界模糊，沿著神經分佈，通常位於單側，不會變大。主要是因為色素減退，並非黑色素細胞缺失，形成不規則邊界不清的白色斑塊。

貧血痣 (Nevus anemicus)

　　貧血痣的產生與黑色素細胞無關，是一種先天血管發育異常，對兒茶酚胺敏感性過高，局部血管長期收縮而造成的白色斑塊。通常分佈在單側，呈現邊界不規則的淺白色斑塊，型態不規則，表皮無變化，會在出生不久發現而且很少擴大。

葉狀脫色白斑（Ash leaf hypomelanosis）

　　葉狀脫色白斑，顧名思義就是如同葉子形狀的白斑，通常會在小孩身上看到。但如果出現多於三個以上，就必須要注意是不是和結節性硬化症（Tuberous sclerosis）有關。結節性硬化症，是一種罕見先天疾病，主要會出現癲癇、智力受損，以及各種器官的腫瘤。

斑駁病（Piebaldism）

是種罕見的染色體異常皮膚色素缺失，屬於顯性遺傳。白斑最常出現在額頭，並且經常會合併白髮出現，而白斑的形狀呈現三角或是菱形。只有少數的斑駁病，會伴隨著其他器官的異常問題。斑駁病對於黑色素組織或是細胞移植的效果很好。

白化症（Albinism）

白化症是一種先天疾病，一般人對於這個疾病應該不陌生。白化症就是俗稱的白子，不是只有在人類出現，動物界也會出現這種現象。主要是因為先天基因缺陷，造成體內所有黑色素缺乏，導致眼睛呈現紅色，皮膚和毛髮全白。因為缺乏黑色素的保護，白化症的病人非常容易受到陽光灼傷，並且進一步產生皮膚癌症。因此罹患白化症的人必須嚴

格防曬，避開紫外光的傷害。

伊藤色素減少症（Hypomelanosis of Ito）

伊藤色素減少症，是一種罕見的先天性疾病，白斑的表現也非常特殊，會呈現旋轉，如大理石狀，經常出現在身體的半側。這種形狀特殊的白斑，會在出生後一到兩年開始出現，伴隨著腦部癲癇、智力受損、斜視、背部側彎等情形。這疾病主要是因為先天上基因的異常，女性比較常見。

後天形成的白斑

　　林小姐臉上出現了看似濕疹的斑，聽同事推薦到藥局自行購買成藥塗抹，一段時間後好是好了，但臉上出現了一塊白斑，她發現白斑的邊緣不規則、斑表皮位置變比較薄，而且中間夾雜著無數擴張的血絲。隨林小姐來看診的先生，因為關節疼痛到復健科門診注射關節止痛藥，不久後發現在關節周圍的皮膚，出現了不規則的白斑，伴隨著皮膚變薄以及血絲變明顯的情形。

類固醇白膚症（Steroid leukoderma）

　　因為使用類固醇而產生的白斑，通常這些病人

是因購買來路不明的藥物，或是聽親朋好友介紹，到藥局或是非皮膚科門診，不經醫師診斷，便長期塗抹類固醇造成。也有病人像林小姐的先生，在骨科或是復健科診所接受關節長期注射類固醇而形成了關節處白斑。這種白斑的特色是表面會出現微血管擴張和皮膚變薄的情形，這種現象是其他白斑所看不到的。

　類固醇被喻為是「美國仙丹」，使用得當是可以治療很多疾病，包括很多的皮膚濕疹和發炎疾病。但是類固醇藥膏過去很常被濫用，甚至有不肖業者利用類固醇的副作用「白膚」效果來充當美白劑，結果造成很多人出現不可逆的皮膚變薄、血管增生擴張副作用。這樣的濫用，造成了很多人對於類固醇的誤解，認為一旦用了類固醇，就一定是不好的治療；事實不然，類固醇使用得當，就會藥到病除。但是必須拿捏類固醇的強度、使用的時間，必

須在皮膚科醫師的指示下使用，才不會產生長期副作用。

　　塗抹型藥膏類固醇有 7 種強度，不同的部位應當使用不同強度和劑型的類固醇藥膏。如果需要長期使用抗發炎藥膏時，必須適時轉換成「非類固醇藥膏」，才能夠減少對類固醇的依賴性和副作用。

　　類固醇白膚症，如果早期發現，停藥後是可以恢復的；但如果到皮膚產生變薄、血管明顯擴張增生等副作用時，就會造成不可逆的變化。

化學性白膚症（Chemical leukoderma）

　　診間，25 歲愛漂亮的小芳，因為追求皮膚白皙，而去日本購買了來路不明的美白產品。在塗抹

了一個月後，發現臉上出現了大小不一的白斑。

　　有些保養品和來路不明的藥膏，都含有可能影響黑色素細胞的成分。像是 2013 年，某日本知名的專櫃品牌，造成成千上萬民眾使用了含有杜鵑醇 Rhododendrol 的美白產品後，在臉部出現了不可逆的白斑。在門診曾看見愛漂亮的女生為追求皮膚的白皙，誤信廣告效果採購美白產品，塗抹了一兩個月後，臉上便出現了許多大小不一的白色斑點，才慌忙就醫。

　　很多來路不明的藥膏經常都含有類固醇成分，宣稱具有美白效果。的確，類固醇藥膏除了消炎，也具有淡化色素的效果，然而如果長期塗抹，就容易造成皮膚變薄、血管增生的副作用。如果未及時發現停藥，這些皮膚副作用也可能是不可逆的。因此在追求漂亮的同時，理當慎選美白產品。

雷射後脫色的白斑

　　亞洲人喜歡追求白皙無瑕的肌膚，不少愛美女性為了臉部大掃除，經常往醫美診所進行雷射除斑。但雷射如果施打過於頻繁，或是雷射能量拿捏不當，除了反黑的可能性之外，有可能會造成黑色素細胞的死亡、或是影響黑色素分泌，造成更令人煩惱的雷射後脫色斑，或是原本的黑斑與雷射後脫色斑交錯形成的花斑。

　　如果黑色素的破壞不嚴重，一般 3-6 個月還有可能自行回復，但是如果黑色素細胞因能量過量而死亡，所產生的白斑會是永久的，需要透過黑色素移植來治療。因此為了避免這些副作用的發生，在接受醫學美容的療程時，千萬不能夠求快，雷射的施打也不應過於頻密，一般至少間隔一個月以上，應該找專業皮膚科醫師做評估治療。

腫瘤疾病相關的白斑

　　門診 45 歲魏先生，突然發現身體各處的黑痣周圍出現了白斑，也就是所謂的光暈痣。仔細檢查，魏先生的身上有一顆長得形狀怪異的黑痣，經切片檢查證實是惡性的黑色素瘤。身體出現白斑反應，事實上是因為免疫細胞對黑色素細胞產生免疫反應。

暈痣（Halo Nevi）

　　暈痣是一種特殊表現痣，主要表現是在黑痣的周圍出現暈環狀白斑。隨著暈環狀白斑的出現，中央的黑痣可能會隨著時間而變平或者消失，白斑的形狀有可能持續很久或是持續擴大。

　　臨床上經常會觀察到暈痣和白斑同時出現，目前推測可能是因為免疫細胞對黑色素細胞出現免疫交叉反應，造成正常表皮的黑色素細胞以及黑痣細胞受到破壞。但必須注意的是暈痣中央的痣，是否型態正常？因為有部分暈痣的中央可能為惡性的黑色素瘤，而身體試圖產生免疫反應去攻擊黑色素瘤的異常黑色素細胞，但因產生的免疫反應缺乏專一性，順道攻擊到其他皮膚黑色素細胞和黑痣，而出現白斑和暈痣反應。

蕈狀肉芽腫（Mycosis fungoides）

　　這是一種惡性的皮膚淋巴瘤，部分會以白斑表現在身體各處，伴隨著消瘦、淋巴腫大等症狀。必須藉由皮膚切片診斷確診。蕈狀肉芽腫是非常不好診斷的疾病，有時候需要多次切片檢查才能夠確診。早期診斷，有近乎正常人的預後。但是如果延

誤治療，淋巴瘤就會擴散全身影響到病人的存活率。

與營養缺失相關的白斑

營養缺失也可能會造成白斑形成，但是這種狀況在現今物質生活豐盛的環境不易看到。營養缺失的白斑大部分發生在嚴重蛋白質缺失的「瓜西奧科兒症」（Kwashiorkor）病人身上，除了皮膚呈現紅色脫皮，還會出現大小不一的白斑。大部分出現在臉部，這些白斑會隨著蛋白質攝取的上升而消失。如果全身大面積、廣泛的出現白斑，也可能和微量元素銅和硒有關。

慢性砷中毒（Chronic arsenicism）

60歲的王阿姨，最近在右肩膀和背部發現兩個凸起來的腫瘤，形成開放性傷口，換藥許久都未痊癒，經切片檢查為鱗狀上皮細胞癌。

　　仔細檢查王阿姨的皮膚，發現她皮膚呈現許多斑駁、大小不一的黑白斑，整個皮膚花花的，手掌也有一顆顆的微小凹洞。除了那兩個突起的腫瘤外，王阿姨皮膚其他地方也出現了很多癌前病變。仔細詢問，發現王阿姨成長的地方，從小常喝附近的井水。而這些皮膚表現是因為慢性砷中毒造成的，砷的來源恐怕和阿姨居住地的井水有關。

　　慢性砷中毒，在臺灣早期滿常見，是因為使用非公用自來水來源，譬如井水或是務農的人。砷被廣泛的運用作為殺蟲劑，務農的人很常使用來預防

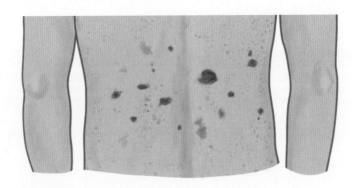

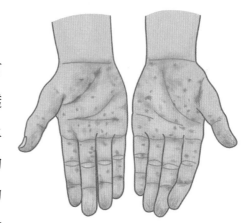

蟲害，但是藥物可能會隨著土壤滲透進井水或是飲用水源。慢性砷中毒的皮膚會出現花花的黑白斑，手掌也會出現很多小凹洞，同時伴隨很多鱗狀上皮原位癌，而隨著時間這些原位癌容易演變成鱗狀上皮細胞癌，有轉移的可能性。

　　除了皮膚癌症以外，慢性砷中毒還會出現慢性呼吸道阻塞、肝硬化、心肌梗塞、智力受損、懷孕畸胎等情形，或是因為周邊血管嚴重阻塞而產生末端肢體壞死，就是所謂的「烏腳病」。

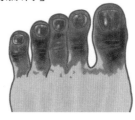

免疫疾病相關的纖維化白斑

　　自體免疫失調跟病人本身的遺傳體質很有關係，我們很常在追蹤白斑病人病史上，發現家庭成員伴隨有其他免疫疾病像是紅斑性狼瘡的存在。如果病人有這樣的體質，加上精神壓力、睡眠不足，或是荷爾蒙變化譬如懷孕，就很容易誘發疾病的發作。接下來介紹的纖維化白斑，嚴格上來說，也是一種「偽」白斑，皮膚看起來白白的，主要是因為底下的真皮層纖維化，連帶看起來比較白，而不是因為黑色素細胞受損的因素。

硬斑症 Morphea/ 硬化症 Scleroderma

硬斑症是一種局限性硬皮症，屬於自體免疫疾病。

因為免疫失調，造成纖維母細胞的功能異常，血管壁增生和組織壞死。表皮的表現是白色斑塊，仔細觸診會發現底下的皮膚組織硬化，有時候甚至會伴隨底下肌肉和骨頭的萎縮變形。部分硬化症甚至會伴隨著肺高壓、急性腎衰竭、吞嚥功能異常等系統性疾病。所以如果身上出現硬斑症或是硬化症，一定要找醫師做詳細評估檢查。

硬化性萎縮性苔蘚（LSA）

好發於女性外陰部的白斑，通常會伴隨著表皮的萎縮和硬化，呈現界線清楚的銀白或是象牙白、皺皺的皮膚變化。通常會伴隨著劇烈的搔癢感，如

果不及時治療，久了就會造成尿道口和陰道口的狹窄變形。而約有 10% 的 LSA 還可能會在後續產生惡性的鱗狀上皮細胞癌。

白色萎縮症（Atrophy blanche）

白色萎縮症是一種末端微血管阻塞的疾病，臨床上出現樹枝狀紫紅斑和潰瘍，癒合之後出現白色萎縮的疤痕。 這些白色疤痕的形狀看起來像星狀或是樹枝狀，是因為代表著底下阻塞血管的形狀。白色萎縮症通常會在冬天和夏天出現，常見在腳踝和小腿前側，伴隨著劇烈疼痛：必須服用抗凝血劑和高壓氧治療才能夠得到緩解。

紅斑性狼瘡（Lupus erythematosus）

紅斑性狼瘡的變化很多變，除了典型臉上的蝴蝶斑和陽光曬後的紅疹，也有一部分病人會產生不

典型的白斑，看起來和其他白斑類似；必須透過詳
細的問診，搭配切片檢查以及抽血才能夠確診。

皮膚科診斷的秘密武器

　　臨床上，醫師除了根據臨床表現診斷之外，會應用一些工具幫助診斷。其中最常使用的兩個秘密武器是伍氏燈（Wood's lamp）檢查和皮膚鏡(Dermoscope)。雖然這兩個工具就可以幫助醫師判斷大部分的疾病，但是有些白斑色素尚未完全破壞時，或是不典型表現的時候，則需要做進一步皮膚切片檢查。

伍氏燈

　　對於皮膚科醫師是很有用的診斷工具，伍氏燈會發出波長約 365nm 的紫外 A 光，用來照射在病人

的皮膚上，觀察病灶是不是會發出螢光。

　　對於白斑的病灶，如果是黑色素細胞完全消失的病灶如白癜風，就會出現粉筆白的顏色，而如果只是黑色素不分泌的汗斑或白色糠疹，則會出現灰白色。伍氏燈在白斑疾病活性的判斷上很有幫助，可以將陽光下看不到，但卻已開始受到攻擊的問題皮膚顯現出來。幫助病人早期發現問題病灶，早期治療。除了白斑外，伍氏燈也可以使用在黑斑深度的辨別，還有黴菌和細菌感染的判斷。

皮膚鏡

　　是透過特殊的偏光光源及角度，來幫助醫師判斷病灶的深淺，使用在白斑病灶就可以幫助醫師判斷黑色素細胞減少或完全缺失，更可以觀察到黑色素細胞的修復。

　　皮膚鏡在白斑的檢查可以幫助醫師決定治療的

選擇，如果是黑色素細胞全部消失，病人就會對藥物或是照光治療的效果不佳。這時候就應該要選擇利用手術把正常部位帶有黑色素的皮膚移植到白斑處。

　　雖然伍氏燈和皮膚鏡就可以協助醫師判斷大部分的白斑，但是遇到不典型表現或是早期白斑的時候，有時候需要做皮膚切片化驗。

　　皮膚切片可以幫助確診白斑，一般會在白斑病灶的邊緣取皮膚做化驗，切片底下如果是早期白斑（白癜風），就會發現免疫細胞浸潤在表皮處，正在攻擊黑色素細胞。而晚期白斑（白癜風）的黑色素細胞就會消失不見。切片檢查也可以幫助我們發現黑色素細胞的分泌是不是受到阻礙。

聞之色變的白癜風

門診偶爾會遇到病人因為手上出現白斑，很著急的來就醫，誤以為只要是白斑，都會擴散全身。不是所有的白斑，都是令人聞之色變的「白癜風」。過去對於白斑的理解比較少，以為身上出現白斑就一定會如白癜風的白斑般，擴散到全身，事實上白癜風的診斷是需要經過嚴謹的檢查才能夠確診的。

白癜風是種常見的色素疾病，特徵是在皮膚出現界線鮮明、形狀不規則的雪白斑塊。白斑雖然不

會致命或傳染，但是卻會蔓延擴散，影響到病人的
外觀，對病患造成非常大的困擾和心理壓力。

全世界的人口統計，約有 1-2% 的人患有此病，
在印度更是高達 8%。其中，約兩成的白斑病人會有
家族病史。

20 歲的周先生，因為左臉頰、肚子上出現了兩
塊大小不一的白斑而前來就醫。他說：「一開始不以
為意，以為只是汗斑，所以不理它。可是幾個月過
去了，白斑的範圍越來越大，連手指也開始出現很多
大小不一的點狀白斑。」更讓周先生擔憂的是，還
發現自己出現體重減輕、手顫抖的情形。

在門診經過仔細檢查，我告訴他：「是白癜風。」
做過進一步的抽血檢測，發現周先生甲狀腺荷爾蒙
異常，出現甲狀腺亢進。罹患白斑的人，常常發現
會合併其他身體疾病，尤其是甲狀腺異常。因此不

應該把白斑當作只是美容外觀的問題，而是應該把它想成是一種身體的警訊，白斑有可能是身體出了毛病，必須正視。而且早期接受檢查和治療，才能夠預防後續身體的破壞，對於白斑本身的治療也有比較好的效果。

白癜風，並非是不治之症

大部分的東方人都喜歡追求白皙的皮膚，可是當皮膚出現塊狀白斑，會讓人非常苦惱，嚴重打擊自信心。 過去白斑都被認為是不治之症，甚至被污名化，讓病人感到灰心不知所措，因病急亂投醫而受騙上當也常耳聞，甚至誤信以訛傳訛，延誤了病情。

以實證醫學來看，部分白斑更與免疫系統、內分泌相關，如果不早期發現和治療，後續影響的不

僅是外觀，更是病人整體的健康。

白癜風形成因素與免疫相關

　　白斑的形成與多種因素有關，包括遺傳、自體免疫、神經性影響等。目前學界盛行的理論，主要認為是自體免疫失調，自己的免疫細胞攻擊自身黑色素細胞所造成的。這是因為早期的白斑病灶病理切片檢查，會發現有很多發炎細胞聚集及黑色素細胞減少的現象。

　　近十年來，越來越多研究發現，白斑的形成和免疫細胞 CD8 T 細胞、還有自體免疫抗體有關，因為自體免疫失調，造成免疫系統的發炎細胞攻擊自身的黑色素細胞，導致黑色素細胞的破壞消失。而部分局部白斑，只是因為調節型免疫細胞，把這群具有自體攻擊力的細胞困在局部，當這些調節型免

疫細胞無法控制時，就會隨者血液擴散到身體各處；除了造成身體各處的白斑以外，也會造成其他器官像是甲狀腺的破壞。

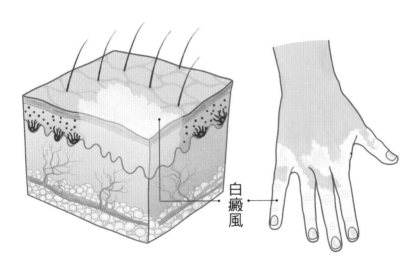

白癜風

24 歲的林小姐是上班族，19 歲時在左手臂發現一塊白斑，隨著時間白斑擴散到身體其他部位。林小姐四處求醫但是白斑仍然持續擴散，而最近一年

以來，林小姐開始出現關節疼痛、疲累的症狀，抽血檢查發現血紅素、白血球都是偏低的狀況，同時也有落髮的情形。 到我門診後，幫她檢測 ANA 自體免疫指數，發現除了白斑之外，她也同時罹患了紅斑性狼瘡。

　　大規模的研究統計發現，白癜風合併紅斑性狼瘡的發生率大約 5%。全身型和成人才發病的白斑症，容易伴有一些自體免疫疾病，最常見的是甲狀腺疾病，其他包括紅斑性狼瘡、圓禿、愛迪生症、惡性貧血、胰島素依存性糖尿病等。由於白斑發生與甲狀腺自體免疫疾病的機率較高，病人最好同時接受甲狀腺方面的檢查。對於全身型白斑病患，一般皮膚科醫師會建議抽血檢查，看是否有甲狀腺功能、自體免疫指數、血液異常，以排除與這些疾病同時存在的可能。

白斑的「寇博納」現象

患有白斑的人，小心不要受傷或是摩擦皮膚。這是因為皮膚在受傷的時候，會吸引免疫細胞來對抗外來細菌和修復傷口，如果是有白斑體質的人，也會吸引到攻擊黑色素的自體免疫細胞，造成受傷／摩擦部位白斑的形成；這種名為「寇博納」現象（Koebner phenomenon）。這種受傷部位發生原本皮膚疾病的情形並不少見，像是乾癬和一些自體免疫失調相關的皮膚炎也會看到。

白癜風的臨床表現

白癜風的病徵是在皮膚出現界線清楚、形狀不規則的白色斑塊。如果是全身型的白斑，常常會呈現對稱性分佈。每個人影響的範圍不一定。有些病人在白斑出現前，皮膚先經歷了紅腫發炎，如濕疹

一樣；或是先有皮膚曬傷或受傷，病灶癒合之後才出現白斑。但更多時候，白斑是靜悄悄的出現在身體的某處，漸漸的變大，甚至東一塊西一塊擴散到身體各處才被發現。

白癜風可以分成擴散期和穩定期，擴散期的時候，黑色素細胞受到攻擊，臨床會發現白斑迅速的變大，在短時間 1-2 周內擴散出去。白癜風的病程無法預測，有時候發病之後會穩定一段時間，再次受到刺激就會擴散出去，因此規則的追蹤是必要的。目前所有的治療都無法"根除"白癜風，只能夠穩定它。就好比高血壓糖尿病一樣，我們使用治療來穩定它，不讓它持續破壞身體，否則破壞到最後，就只能夠用移植的方式去修復組織。

白癜風常會合併其他疾病的發生

40 歲的黃小姐，斷斷續續出現感冒和暈眩，後來開始出現視力模糊，伴隨著臉部白斑的出現，同時還感到耳鳴。她四處求醫卻查不出個所以然，甚至因為這些不典型的症狀而到身心科治療，懷疑自己是否因為白斑造成情緒不穩和焦慮症。到門診檢查時，發現黃小姐是罹患罕見的「原田氏症 Vogt-Koyonagi-Harada」；她所出現的頭痛，眼睛、聽力以及皮膚的白斑，都與這疾病相關。 這主要是因為黑色素細胞都存在於這些器官，當免疫系統混亂的時候，會連帶攻擊到這些器官。如同前幾章節提到的，大約 20-30% 白癜風會合併其他疾病的發生，我們稱之為「共病」。這些年越來越多研究證實，皮膚疾病和內科疾病有關。因此在診斷白斑的時候，必須做全身性的問診、抽血評估。

根據一項臺灣健保資料庫研究顯示：白斑病人比較容易罹患甲狀腺癌、淋巴癌和膀胱癌。但是最常見的還是甲狀腺異常，圓禿和紅斑性狼瘡。此外，很多白斑病人也合併焦慮症、憂鬱症和失眠，這些心理因素會影響到病程，在治療的時候不容忽視。

白癜風的分類

按照分佈分類，可分為：

● 分節型白斑（segmental vitiligo）。

● 非分節型白斑（non-segmental vitiligo）。

● 混合型白斑（mixed vitiligo）。

分節型白斑（segmental vitiligo）

經常在學齡兒童發現，出現一塊大小不一的分節型白色斑塊，往往伴隨著局部毛髮變白的情形。大部分不會隨著年齡長大而擴散，抽血檢查也不會發現體內有什麼異常。分節型白斑一般對於擦藥或照光治療的療法效果不彰，往往需要透過黑色素移植手術才有辦法得到緩解。

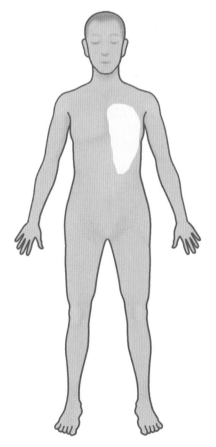

非分節型白斑（non-segmental vitiligo）

　　是比較常見的白斑種類，一般會在四肢、臉、身體，出現大小不一的對稱型白斑，常見於 20-30 歲年輕人，但也會在中老年人身上發現。非分節型白斑如果沒有及早控制，會容易擴散到全身造成斑駁狀皮膚。

　　早期非分節型白斑，如果黑色素細胞還未被完全攻擊死亡時，還有機會透過藥物治療和照光而達到控制；倘若一直延誤不治療，把黑色素細胞都攻擊到全消失，伴隨著毛髮變白，恐怕就很難恢復。

混雜型白斑（mixed vitiligo）

是上述兩種斑的合併，或許病人早期先以分節型白斑表現，但是有別於分節型白斑，混雜型白斑隨著年紀會擴散成非分節型白斑。雖然這類型病人較少，但表示分節型白斑病人也應該要定期追蹤，一旦發現擴散成為混雜型白斑就應及早投藥，比較可以得到控制。

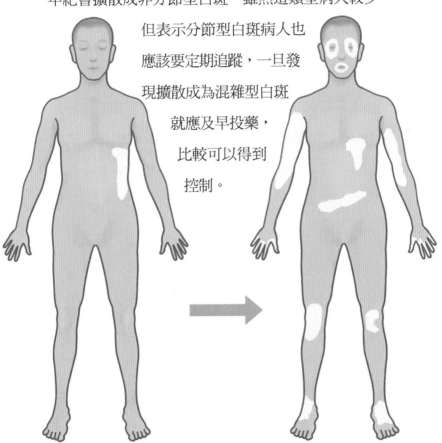

根據疾病的活性做區分

這種分類方式會影響到病人用藥的選擇，簡單來說，白斑病人的活性可以分成急性期和穩定期。

急性期

可以觀察到病人身上會出現很多天女散花狀的白斑，斑駁狀深淺不一的三色斑，或是五色斑，白斑周圍不規則以及偶爾會伴隨著白斑周圍發炎的情形。這些現象都代表著自體免疫細胞正在攻擊自身的黑色素細胞，而切片檢查也的確可以觀察到這樣的情形。

急性期時，首要的治療任務就是穩定失調的免疫系統，會依照範圍大小，選擇口服或是藥膏劑型的免疫調節劑，或是投以照光治療。

穩定期

　　這時免疫細胞相對穩定，不再攻擊黑色素細胞。這時期治療的目標就是把失去黑色素細胞的白斑「重長」黑色素。可以透過塗抹鈣調磷酸酶的免疫調節劑（calcineurin inhibitor），像是普特皮／醫立妥、照光治療，或是準分子光或雷射，去刺激周圍以及毛囊黑色素細胞的生長修復。

白斑的預防治療

　　對於白斑的預防和治療，必須根據不同白斑的類型去做調整。簡單來說，須先阻斷造成白斑形成的根源，假設是與感染相關的汗斑，就需要降低感染的環境，減少流汗潮濕，搭配抗黴菌藥水清洗，就可以達到疾病的控制。

　　至於白癜風就比較棘手。因為不同時期和不同類型，共同的特色終究會造成黑色素細胞的死亡消失。白癜風在急性期時，免疫細胞（T 細胞和抗體）都在大量攻擊黑色素細胞，在這時期的治療最重要就是穩定免疫細胞，因此會採用一些免疫調節劑。如果範圍比較小，就會採用塗抹的藥物，而範圍比

較大時會考慮口服藥物或照光治療。

藥膏塗抹

塗抹藥物的選擇，大致上有三種：

第一線用藥，類固醇藥膏

主要作用在抑制免疫細胞攻擊黑色素細胞，但是如果長期塗抹，較容易造成皮膚變薄，血絲變明顯的類固醇皮膚炎。類固醇藥膏使用在急性期時有很大的幫助，但以長期控制來說，比較建議調整成非類固醇的免疫調節劑，降低可能的副作用。

針對白斑使用的非類固醇免疫調節劑

包含了兩類：普特皮（tacrolimus）或是醫立妥（pimecrolimus），都是屬於鈣調磷酸酶（calcineurin inhibitor）的免疫調節劑。這兩種藥膏，相較於傳統

的類固醇藥膏，比較不會造成皮膚變薄和血絲擴張的副作用，同時很多研究文獻指出，除了調節免疫細胞的作用，這類型藥膏還能刺激周圍和毛髮深層的黑色素細胞，促進白斑色素的復原；因此對於長期控制來說，是比較好的選擇。塗抹這類藥物有些人剛開始會有些許皮膚灼熱和刺激感，但會在加強乳液保濕之後緩解許多。門診很多病人在閱讀免疫調節劑藥物的仿單後，會很焦慮的問我：「是不是會導致淋巴癌？」答案是不會的。

　　經過實驗證明，這類型藥物經皮吸收到體內的濃度很低，近期的研究也發現，使用局部免疫調節劑的人並不會增加感染或是提高惡性腫瘤的發生率。這些年因為科學的演進，對於白斑的機轉有更進一步了解，會有越來越多新藥誕生。像是近年來比較特別的 Ruxolitinib 藥膏，對於急性期的白斑也有不錯的療效。

感光劑

小麗罹患白斑多年，因為聽信長輩推薦，加上自己比較喜歡「天然植物配方」，因此在知名購物台買了「植物萃取的純天然藥水」，號稱可以刺激黑色素的生成。小麗在塗抹數周後，白斑非但沒進步，還發紅甚至起水泡。經門診檢查後發現，白斑處已經呈現了曬傷的情形，仔細詢問才發現小麗在塗抹藥水後，都長期在外工作曝曬，並沒做好防曬措施，而這藥水的成分推測應為感光劑，增加白斑皮膚對光的敏感性，造成她嚴重的曬傷。

舉凡中醫使用的補骨脂藥，或是網拍上常見的一些號稱「植物配方」，可促進黑色素生長的補骨脂酊，都是屬於這一類藥物。

感光劑的目的是在增加皮膚對於光的感受性，增加光（太陽光或照光治療）在皮膚的作用，來達到治療。但是在使用這類藥物必須非常小心副作用的產生，如果使用不當而造成反覆性曬傷，長期下來反而會增加皮膚癌發生的機率。

使用感光劑會有效的前提，往往是因為白斑處還有殘餘的儲備黑色素細胞，尚未被完全破壞，因此在給予適當的刺激之後，還有機會修復白斑病灶。

照光治療

皮膚科常見的照光治療可分成三大類：

紫外 B 光（UVB）、紫外 A 光（UVA）和準分子光或雷射（Excimer light/laser）。

紫外 B 光

分成寬波與窄波 B 光，由於寬波 B 光較容易造成曬傷的問題，所以現在都比較少使用寬波 B 光。照光治療在皮膚科的使用很廣泛，使用在白斑治療主要是仰賴其中兩項作用：第一是調節免疫細胞的功能，第二是刺激周圍和毛髮根部的黑色素儲備細胞和黑色素幹細胞，去修復白斑病灶。

紫外 A 光

紫外 A 光和高劑量的窄波 B 光，對於免疫細胞的調節穩定有很大的作用。紫外 A 光因為波長比較長，穿透比較深，對於穩定白斑比較有效，刺激黑色素能力與窄波 B 光相當。

感光紫外線 A 光治療，是一種使用紫外線 A 光和感光藥物（Psoralen）的照光療法。照光前會給病

患口服或外用感光藥物,再進去照射 PUVA 治療,穩定白斑擴散和促進黑色素細胞增生及黑色素的再生等。但是 PUVA 相較窄波 B 光,還是有比較大的副作用,而且小於 12 歲和孕婦都不適用,因此目前國際白斑學會大都建議使用窄波 B 光比較安全。

準分子光／雷射

準分子光／雷射是利用 308nm 的光束,作用在白斑的病灶上,是目前照光治療裡最有效的治療方法。

黑色素的再生和修復需要很有耐性,無論哪一種照光治療,一般都建議每周 1-3 次,持續半年以上,才能夠看出療效。一旦發現黑色素開始生長,就持續照光治療直到白斑恢復色素。但是倘若發現

黑色素修復停滯了，就可能需要尋求別的方式來治療。

免疫調節劑

如果遇到急性、廣泛性的白斑擴散，才會考慮使用免疫調節劑。由於全身性藥物治療可能產生的副作用較多，所以使用上必須嚴謹。

類固醇

類固醇在 50 年代被發明，有著「美國仙丹」的稱號，對於過去無法治療的免疫風濕疾病有了很大的突破。類固醇在範圍大且進展迅速的白斑，也有穩定免疫系統的效果。但是為了降低副作用，目前國際白斑組織所建議的使用方法為間歇性口服類固醇。 間歇性口服的方法為一周服用兩天，其餘五天

休息，治療兩個月，約九成的病人可以達到有效的控制。而這樣的口服類固醇治療最多不超過六個月。如果遇到無法使用類固醇治療的病人，像是罹患糖尿病、有病毒性肝炎的病人等，或是效果不彰，停藥後復發的病人，會考慮使用其他種類的免疫調節劑。

　　門診常常遇到只要聽到「類固醇」三個字就聞風喪膽的病人，臨床上我們都稱這些病人為「類固醇恐慌症 steroid phobia」。事實上這都是因為人們對於類固醇的誤解。類固醇之所以有「美國仙丹」的稱號，就是因為它對於免疫的調節有著非常重要的作用，過去高死亡率的免疫疾病像是紅斑性狼瘡都因為有了類固醇的發明，而大大的降低。而之所以讓人聞之色變，是因為有很多來路不明的藥物摻雜了類固醇，造成病人在不知不覺中長期服用類固醇而造成了副作用。類固醇使用得當，就是好藥，只

要按照醫師指示使用，不超過安全劑量，這樣就可以達到治療的效果，同時降低副作用。最怕就是在不清楚的狀態下接受了來路不明的藥物，在沒有醫師的監控下使用，反而更危險。

非類固醇免疫調節劑

非類固醇免疫調節劑通常會使用在無法使用類固醇的病人，對治療效果不彰或是停藥後復發的病人。目前研究對於非類固醇免疫調節劑在白斑的使用並不多，也因此國際白斑組織並無法給予很確實的使用建議，必須仰賴醫師的判斷和經驗給予。

比較常用的非類固醇免疫調節劑包含了環孢靈（Cyclosporine），滅殺除癌錠 (Methotrexate) 和雅迅靈（Azathioprine）。各種類的免疫調節劑都有要注意的副作用，但是對於藥物副作用也不需要感到非常驚恐。事實上任何東西包含食物、中藥或西藥如

果使用不當，或是個人體質差異，對於藥物的過敏反應或是代謝不良，都有機會產生所謂的副作用。

　　打個比方，好比喝水是我們最稀鬆平常的行為，但是喝多了還是會水中毒，而且有趣的是，有些心臟、腎臟不好的人，因為喝水代謝不足還需要限水，以防產生水腫肺積水的副作用，又有些人先天體質對於水會產生過敏。因此，在使用藥物的邏輯也一樣，西醫的藥物因為研究得透徹，有很完善的監督機制，因此所有可能產生的副作用都會詳細的記錄在仿單上，這也代表病人不需要驚慌，這種機會的發生率非常低，在大部分情況下是安全的，利大於弊醫生才會敢開藥給你。

　　記錄得越詳細，表示對於這個藥物的了解越透徹，而開藥的醫生也會對於病人進行規則的檢測，一旦出現狀況就馬上停藥，改成其他類型的藥物。相較於號稱「純天然，無副作用」的藥物，來得更

安全。

Jak 抑制劑治療

　　隨著醫學研究的進步，我們對於白斑形成機轉越來越清楚。研究發現事實上，自體免疫型的白癜風之所以形成，是因為黑色素細胞受到 CD8+ T 細胞的攻擊，而這群 T 細胞的活化和聚集都和 JAK/STAT 和 IFN gamma 機制相關。而也就因此發展出了 JAK 抑制劑的口服小分子免疫標靶藥物。這種類型的藥物，原本是被用來治療類風濕性關節炎，對於免疫型的白斑也有不錯的療效。相較於傳統免疫調節劑，小分子免疫標靶藥物可以比較精確的作用在有問題的機轉上，而不是全面的抑制，這樣就會大大降低副作用的產生。JAK 抑制劑對於急性、大面積擴散的免疫型白斑有很大的幫助，但它無法刺激黑色素的生成，所以服用的過程中，仍需要搭配

照光治療來刺激黑色素的產生。目前市面上的 JAK
小分子口服抑制劑，包含 Tofacitinib 捷抑炎、
Ruxolitinib 捷可衛錠和 Baricitinib 愛滅炎。後續還
會有更多相似類型的藥物推出，尤其是藥膏劑型，
值得我們關注。JAK 抑制劑的副作用大多低於廣效
性免疫調節劑，但仍需要留意帶狀疱疹和靜脈栓塞
的風險。此外，目前臺灣健保並未給付此藥物用於
白斑，自費療程每個月需花費約兩萬元上下。

阿法諾肽黑色素刺激口服藥
（Afamelanotide）

這個唸起來很拗口的藥，是近幾年推出的新藥
物。這個藥物的構造被設計得很像我們體內的黑色
素刺激荷爾蒙（alpha melanocyte stimulating
hormone），它可以作用在黑色素細胞上的受體
（Melanocortin 1 receptor），達到刺激黑色素細胞的

分泌和生成，用來治療白斑。如果搭配照光治療，效果會更好。然而，這個藥物會導致正常皮膚的膚色整體變黑，對於追求皮膚白皙的亞洲人，比較不喜歡這樣的反應。其他比較少見的副作用則是包括疲累、腹痛等。這個藥物目前在美國和歐洲都有被使用，臺灣目前尚未核准進口。

適用於白癜風的營養補充品

門診時，我常常會被病人問：「我到底可不可以吃維他命 C ？維他命 C 不是用來美白的嗎？那為什麼醫師還會叫我吃維他命 C 呢？」、「我隔壁阿姨叫我多吃黑芝麻，她說她有朋友就是吃黑芝麻所以白斑全好了？」

過去因為對於醫學知識的了解不足，所以長輩間都廣為流傳著「以形補形，以色補色」的說法，而且還大肆出現在一些養生節目、網路文章和書籍

裡。像是什麼懷孕的時候多喝牛奶小孩就會變白；喝黑醋黑芝麻就會長黑斑都是這一類的迷思。

　　事實上，只要我們仔細思考就會發現這些想法並沒有科學根據。隨著網路文章和社群媒體的發達，還會充斥著很多假新聞，或是置入行銷的廣告。造成病人往往無所適從，面對以訛傳訛，病人應該要先停下來，思考判斷知識的來源，再做出決定。

　　在門診，我常常會跟病人說：「如果遇到有這方面的疑問，都可以和我提出來討論，避免因為知識不對等判斷錯誤而造成傷害。」以白斑來說，目前比較有一些科學證據的營養補充品為抗氧化劑。

抗氧化劑

　　如前面所提到的，並不是所有的白斑都和免疫攻擊有關。甚至有一群白斑的形成，被發現和細胞因為受到刺激（化學物質如：phenolic〔酚醛〕、受

傷等）而產生自由基去破壞黑色素細胞。

　　而這被認為可能和白斑最初的活化有關。一些研究也證實，白斑病人的基因先天帶有一些抗氧化的缺失，造成自由基容易堆積破壞黑色素細胞，因此就發展出所謂的抗氧化劑的使用。

　　抗氧化劑涵蓋非常的廣泛，大部分屬於維他命和營養補充品，像是葉酸、B12、銀杏、鋅、維他命 C 等等。但是必須強調的是，這些抗氧化劑並無法治療急性擴散期的白斑。這些抗氧化劑的研究，都必須合併使用照光治療才有效果，而且也缺乏大型雙盲測試的證實。因此抗氧化劑在白斑治療上，只能夠當作輔助劑使用。

飛梭雷射佐以外用藥膏治療

　　近幾年白斑治療研究發現對於一些頑固的肢體末端的白斑病灶，可先以二氧化碳飛梭雷射磨皮過

後，再加上窄波紫外線 B 照射，和塗抹類固醇藥膏，可以達到比單獨塗藥照光來得更好的效果。

飛梭二氧化碳雷射是一種氣化型雷射，可以透過雷射能量製造出很多微小傷口，促進藥物的經皮吸收。這樣的概念被廣泛運用在很多皮膚疾病，因為皮膚有表皮屏障，會降低藥物的吸收，如果透過製造微小孔洞，就可以讓藥物穿透到皮膚較深層組織作用。

也有研究認為這樣的方法，可以促進生長激素的分泌，促進毛囊處黑色素幹細胞的活化。但是必須強調的是，飛梭雷射並不適合作為單一的治療，必須同時搭配塗抹藥物或照光治療才可能有療效。而且，一般會使用在「穩定」期的白斑病人。因為雷射磨皮也算是一種傷害，急性期使用，反而會促使免疫細胞破壞黑色素細胞。

複合式治療

　　完整的白斑治療，應該要採用複合式療法，結合各種治療的優點，才能夠達到較好的療效。比如在急性期，自體免疫型的白斑必須先穩定免疫細胞不擴散，因此投以口服免疫調節劑控制，並用抗氧化劑輔助，搭配藥膏塗抹和照光治療來刺激黑色素細胞的生成。

　　對於穩定期白斑，最重要的是使用照光治療或是準分子光或雷射刺激殘餘黑色素細胞增生修復白斑。倘若針對延誤治療，造成黑色素細胞全然破壞的病人，在經過一個療程的照光治療後，經照片判斷並無差異，就應考慮使用黑色素移植手術，來修復剩餘的白斑。

白斑的修復，必須考量殘存的黑色素細胞

　　白斑的形成，主要在於黑色素細胞的破壞，而這種破壞又可分為影響到黑色素細胞的功能（不分泌黑色素）或是黑色素細胞凋亡消失。如果是前者的白斑，我們可以透過藥物或是照光等刺激，讓黑色素細胞再次重啟功能，恢復工作分泌黑色素。

　　當黑色素細胞受到攻擊而消失後，後續的修補需要靠周遭的黑色素細胞來修復。黑色素細胞來源有兩個：一個是周遭正常皮膚，稱為「周圍複色」Marginal repigmentation；另一個是來自毛髮的黑色素細胞的「毛髮複色」Follicular repigmentation。這些殘餘的「儲備」黑色素細胞會影響到我們治療的方向。

　　根據統計，來自周遭正常皮膚的黑色素細胞，可以修復約 0.5 公分的白斑範圍，皮膚膚色越深的，

黑色素細胞可以修復的範圍越大，像是非洲黑人和印度人可以修復約 0.8 公分。這也意味著如果白斑的範圍大於 1 公分，就不能單純僅靠周圍皮膚黑色素細胞的修復，而是需要仰賴毛髮根部的黑色素細胞來修復。毛髮複色的時候，可以觀察到黑色素會沿著毛髮長出一點一點的黑色素，最後融合成一整片修復白斑；如果有觀察到毛髮複色，代表病人的白斑比較有機會修復。

照光治療除了可以增加周圍黑色素分泌和移行修復外，同時也可以刺激毛髮的黑色素幹細胞，向上分泌修復白斑。而先前提到的阿法諾肽黑色素刺激口服藥，只有刺激周圍黑色素細胞的功用。

白斑如果發生在頭頸部，對治療的效果往往比手腳末端來得好。 這是因為頭頸部有很多的汗毛，也就意味著有比較多的黑色素幹細胞有機會修復白斑，而手腳末端的毛髮較少，所以往往比較難恢

復。還有一種現象是當毛髮變白的時候，白斑的複色也會變得比較困難。像是分節型白斑的病人，或是黑色素細胞受到攻擊比較嚴重的病人都會發現這樣的現象。他們對於照光治療和藥物輔助效果都有限，這時候常常都會需要進入到色素移植手術，才有辦法恢復色素。在門診評估時，常會使用皮膚鏡，協助判斷白斑上的汗毛是否還是黑的，這樣可以協助治療的下一步。

◎ 黑色素細胞的修復來自鄰近的皮膚與毛髮根部

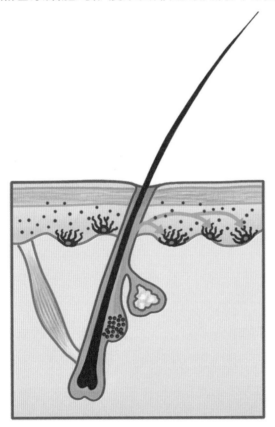

白斑手術治療

「醫師，我在網路上看到白斑色素移植治療的報導，我這白斑快一年了，越來越大，可不可以幫我做色素移植治療啊？」

我仔細運用伍氏燈檢查之後發現，林小姐的確罹患免疫性的白斑白癜風，但還在擴散期，周遭正常皮膚正在被攻擊，此時並不適合手術移植，在告知林小姐目前不適合移植之後，林小姐還是很疑惑：「可是為什麼報導上都沒說？人家希望可以快點恢復啊！」

很多患者，對於白斑色素移植手術都有不切實際的幻想。以為只要移植，白斑就「馬上」恢復色素。白斑的色素手術治療，是當前面所有的治療都無法恢復時的選擇。也就是病人已經接受過照光治療、藥膏或是口服藥物調整後仍然不見起色的最後

選擇。必須強調的是，在進入色素移植手術前，得
要確定白斑已經穩定至少半年以上，否則如果還有
免疫細胞在攻擊黑色素細胞，移植後黑色素細胞同
樣還會受到攻擊，而移植手術也就付諸流水。

　　在接受手術治療前必須注意的是，如果是和自
體免疫相關的白斑，術後定期追蹤很重要。因為免
疫系統有可能在術後，或是若干年後再次不穩定，
而及時的免疫藥物調整是必要的。此外，以目前的
技術，白斑色素移植手術往往都需要好幾次的手
術，才有辦法達到良好的效果。白斑色素移植術後
搭配照光治療，也會有比較好的效果。有疤痕體質
的病患、懷孕中和無法配合的小朋友，都無法接受
手術移植。

　　白斑移植手術治療可以分成組織移植和細胞移
植。組織移植的方式最常被使用，包含傳統的自體
水泡移植、自體迷你鑽孔植皮、自體毛囊移植和分

層植皮。組織移植的方式在於方便操作，但是供給的範圍有限。

　　至於細胞移植則是可以分成培養型和非培養型黑色素細胞移植。細胞移植的好處是在於可以大面積修補白斑範圍，但是操作門檻較高，需要較多人力，而且需要符合法規的細胞培養實驗室。無論是組織移植或是細胞移植，大部分都是屬於門診手術，病人僅需要接受局部麻醉就可以進行，一般手術過程約 1 至 3 小時就可以完成。手術後，如果是水泡組織移植，必須確保新移植過去的皮膚在白斑病灶上停留約一周，期間不讓組織移位，才能夠確保黑色素細胞的生長。水泡移植的取皮處，相較於過去的分層取皮術，或是鑽孔取皮，比較不會形成永久的疤痕，而是短暫的色素沉澱。

　　新型的微創水泡移植設備，也可以輔助取得更大範圍的組織，並且可以裁切成不同形狀以及取皮

處的癒合較快。鑽孔取皮或頭髮移植的優點是手術
時間比較快，頭髮移植可以修補毛髮變白的部位，
像是白眉毛；缺點是容易在取皮處留下永久的疤痕。

　　手術移植後，約一個月開始會觀察到黑色素恢
復顏色，一直長到六個月至一年，才有辦法確定長
滿的狀態。少部分複色不佳的部位，就必須要進行
下一次移植。手術移植的過程也是很漫長的，必須
要有耐心和毅力。

白斑手術方法

第一步，取得含有黑色素細胞的組織，或製成細胞懸浮液

　　使用吸取皮膚水泡、鑽孔取皮、鑽孔取髮或是分層取皮的方式，從遠端正常的皮膚取得帶有黑色素細胞的組織。也可以將這些帶有黑色素細胞的組織製成細胞懸浮液，或是擴大培養黑色素細胞，供給比較大面積的白斑病灶。

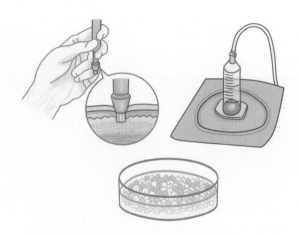

第二步，白斑部位的準備

接受移植的白斑部位，以雷射磨皮或是電鑽磨皮或鑽孔。

第三步，移植

把帶有黑色素的組織或黑色素細胞懸浮液移植到白斑部位。

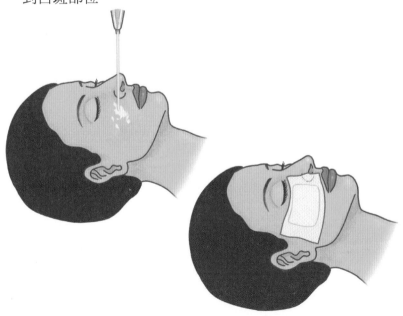

後記

愛漂亮更該愛健康

　　皮膚的黑斑與白斑，看起來像是愛美人士的專利，其實不然。有部分的色素斑，其實透露的是健康的訊號。像是如果在短時間內身上出現了很多白斑，應該把握時間就醫，排除是否合併免疫或是荷爾蒙的問題。

　　我們在追求皮膚白皙的同時，也應該思考究竟自己的原有「體質」是什麼？體質是與生俱來的，如果膚色先天就比較黝黑，那麼使用再多的美白產品，也無法達到廣告上的那種白皙皮膚，反倒該往好處想，大部分黝黑的皮膚對於紫外線有比較好的保護力。在追求漂亮的前提下，必須先了解自己是不是適合，才不至於花冤枉錢還傷身。

　　網路充斥很多假新聞、假文章、不實廣告；對於網路資訊千萬不要輕易聽信，更別擅自嘗試，如有任何疑慮，應該諮詢醫師。接受醫學美容療程的前提是「確保安全」，皮膚的黑斑與白斑應經過皮膚專科醫師確診後，再進行治療比較安全。做好正確的皮膚保養，飲食均衡，維持身體健康，由內而外散發出的美麗才會長久。

　　追求皮膚美白，要以健康為先，其次才是吸睛的膚色，而不是本末倒置，愛漂亮的同時，更該好好愛惜健康！

國家圖書館出版品預行編目（CIP）資料

黑斑白斑有話要説／黃昭瑜著--
初版. -- 臺北市：大塊文化, 2019.10
　面；　公分. --（Care；65）
ISBN 978-986-5406-08-0（平裝）
1.皮膚美容　2.健康法
425.3　　　　　　　108014087

CARE
Good Care ,
Good Living

CARE
Good Care ,
Good Living